# WERKSTATTBÜCHER

## FÜR BETRIEBSANGESTELLTE, KONSTRUKTEURE UND FACHARBEITER. HERAUSGEGEBEN VON DR.-ING. H. HAAKE, HAMBURG

**Jedes Heft 50—70 Seiten stark, mit zahlreichen Textabbildungen**

---

Die Werkstattbücher behandeln das Gesamtgebiet der Werkstattstechnik in kurzen selbständigen Einzeldarstellungen: anerkannte Fachleute und tüchtige Praktiker bieten hier das Beste aus ihrem Arbeitsfeld, um ihre Fachgenossen schnell und gründlich in die Betriebspraxis einzuführen.

Die Werkstattbücher stehen wissenschaftlich und betriebstechnisch auf der Höhe, sind dabei aber im besten Sinne gemeinverständlich, so daß alle im Betrieb und auch im Büro Tätigen, vom vorwärtsstrebenden Facharbeiter bis zum leitenden Ingenieur, Nutzen aus ihnen ziehen können.

Indem die Sammlung so den Einzelnen zu fördern sucht, wird sie dem Betrieb als Ganzem nutzen und damit auch der deutschen technischen Arbeit im Wettbewerb der Völker.

## Einteilung der bisher erschienenen Hefte nach Fachgebieten



*(Fortsetzung 3. Umschlagseite)*

# WERKSTATTBÜCHER

FÜR BETRIEBSANGESTELLTE, KONSTRUKTEURE UND FACH-
ARBEITER. HERAUSGEBER DR.-ING. H. HAAKE, HAMBURG

== HEFT 29 ==

# Einbau und Wartung der Wälzlager

Von

## Dipl.-Ing. Wilhelm Jürgensmeyer

Schweinfurt

Zweite verbesserte Auflage
(7. bis 12. Tausend)

Mit 102 Abbildungen

Springer-Verlag

Berlin / Göttingen / Heidelberg

1951

# Inhaltsverzeichnis.



---




ISBN-13: 978-3-540-01588-8    e-ISBN-13: 978-3-642-86489-6
DOI: 10.1007/978-3-642-86489-6

# 0 Benennung der Wälzlager und ihrer Teile.
## 0.1 Benennung der Wälzlager.

### Ring-Wälzlager.

#### Ring-Kugellager

| Bauart | | Querschnittsprofil | | DIN |
|---|---|---|---|---|
| Art | Form | einr. | zweir. | |
| Ring-Rillenlager | ohne Füllnuten |  | | 625 |
| | mit Füllnuten | |  | 625 |
| Ring-Schräglager | selbsthaltend |  |  | 628 |
| | nicht selbsthaltend |  | | 628 |
| Ring-Pendellager | | |  | 630 |
| Ring-Schulterlager | |  | | 615 |

#### Ring-Rollenlager

| Bauart | | | Querschnittsprofil | | DIN |
|---|---|---|---|---|---|
| Art | | Form | einr. | zweir. | |
| Ring-Zylinderlager | Führung an Außenborden | mit Tragring |  | 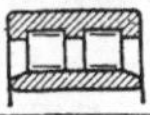 | 5412 |
| | | mit Stützring |  | | 5412 |
| | | mit Stützring u. Bordscheibe | 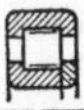 | | 5412 |
| | Führung an Innenborden | mit Tragring |  | 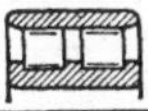 | 5412 |
| | Führung Nadel an Nadel | Außenring mit Borden |  | | 617 |
| Ring-Kegellager | | |  | | 720 |
| Ring-Tonnenlager | mit Spielführung | am Innenring |  |  | 635 |
| | mit Spannführung | am Innenring | |  | 635 |
| | | am Leitring im Außenring | |  | 635 |

### Scheiben-Wälzlager.

| Bauart | | Querschnittsprofil | | DIN |
|---|---|---|---|---|
| Art | Form | einseitig[1] | zweiseitig[2] | |
| Scheiben-Rillenlager | einreihig | 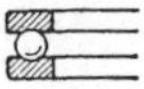 | 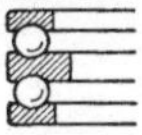 | [1] 711 [2] 715 |
| | zweireihig | 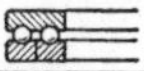 | | 711 |
| Scheiben-Tonnenlager | | 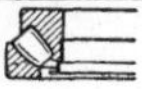 | | 728 |

## 0.2 Benennung der Wälzlagerteile.

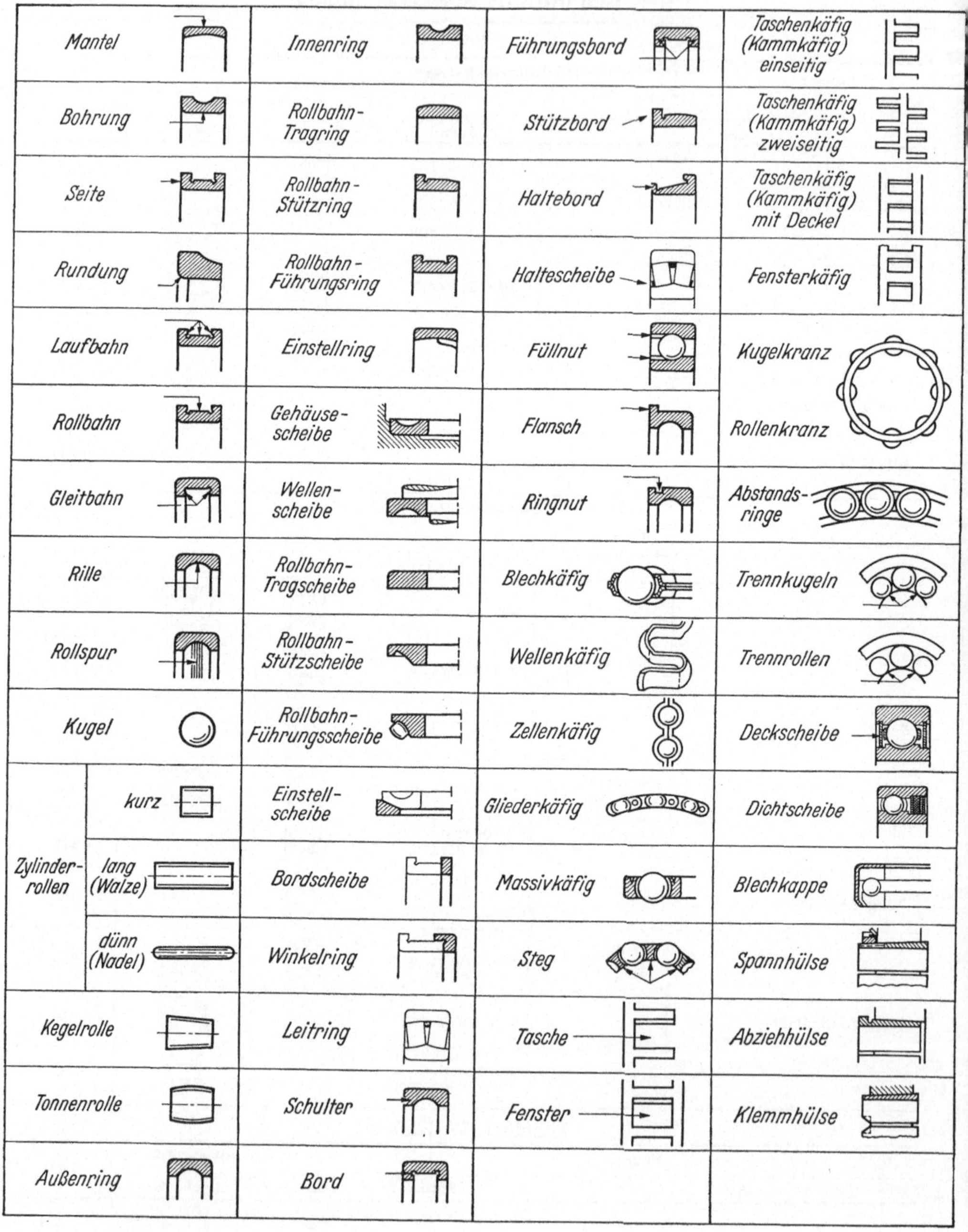

|  | |  | |  | |  |
|---|---|---|---|---|---|---|
| Mantel | | Innenring | | Führungsbord | | Taschenkäfig (Kammkäfig) einseitig |
| Bohrung | | Rollbahn-Tragring | | Stützbord | | Taschenkäfig (Kammkäfig) zweiseitig |
| Seite | | Rollbahn-Stützring | | Haltebord | | Taschenkäfig (Kammkäfig) mit Deckel |
| Rundung | | Rollbahn-Führungsring | | Haltescheibe | | Fensterkäfig |
| Laufbahn | | Einstellring | | Füllnut | | Kugelkranz |
| Rollbahn | | Gehäusescheibe | | Flansch | | Rollenkranz |
| Gleitbahn | | Wellenscheibe | | Ringnut | | Abstandsringe |
| Rille | | Rollbahn-Tragscheibe | | Blechkäfig | | Trennkugeln |
| Rollspur | | Rollbahn-Stützscheibe | | Wellenkäfig | | Trennrollen |
| Kugel | | Rollbahn-Führungsscheibe | | Zellenkäfig | | Deckscheibe |
| Zylinderrollen | kurz | Einstellscheibe | | Gliederkäfig | | Dichtscheibe |
| | lang (Walze) | Bordscheibe | | Massivkäfig | | Blechkappe |
| | dünn (Nadel) | Winkelring | | Steg | | Spannhülse |
| Kegelrolle | | Leitring | | Tasche | | Abziehhülse |
| Tonnenrolle | | Schulter | | Fenster | | Klemmhülse |
| Außenring | | Bord | | | | |

# 1 Beschaffenheit der Sitz- und Stützflächen.

## 1.0 Einleitung.

Es ist eine der wichtigsten Aufgaben des Betriebsmannes, bei der Herstellung und dem Zusammenbau der Teile einer Maschine dem auf der Zeichnung dargestellten Idealzustand so weit wie möglich nahezukommen. Nur wenn die Ausführung den Annahmen und Vorschriften des Konstrukteurs entspricht, kann die beabsichtigte Wirkung und berechnete Lebensdauer wirklich erreicht werden.

Die zylindrischen Sitzflächen und ebenen Stützflächen auf der Welle und im Gehäuse, die zur Aufnahme von Wälzlagern dienen, erfordern ganz besonders große Sorgfalt sowohl hinsichtlich der Toleranzhaltigkeit und Oberflächenrauhigkeit als auch in bezug auf ihre Form- und Lagegenauigkeit. Wenn die notwendige Austauschbarkeit gewährleistet sein soll, ohne daß sich zu großes oder zu kleines Spiel oder Übermaß ergibt, dann dürfen gewisse Toleranzen nicht überschritten werden. Auch mit Rücksicht auf eine möglichst hohe Betriebssicherheit sollen die Istabmaße und die sich daraus ergebenden Passungen der Rollbahnringe innerhalb der vorgeschriebenen Grenzen liegen. Der wünschenswerte Sitz bleibt aber nur erhalten, wenn die Rauhigkeit der Paßflächen so gering ist, daß sie im Betrieb keine wesentlichen Veränderungen erfährt. Die theoretisch gegebene Tragfähigkeit eines Wälzlagers und die geringste Reibung können in der Praxis nur dann erreicht werden, wenn nicht nur die Formgenauigkeit der Lagerteile, sondern auch die der Sitzflächen auf der Welle und im Gehäuse dem Idealzustand möglichst nahekommt. Man darf nie vergessen, daß sich die Rollbahnringe der Wälzlager wegen ihrer geringen Eigensteifigkeit der Form der zugehörigen Paßflächen fast vollkommen anschmiegen. Von ebenso großer Bedeutung sind die Abweichungen von der theoretisch richtigen Lage der ebenen Stützflächen und der zylindrischen Sitzflächen zweier Lagerstellen zueinander. Diese Fehler können entweder bei der Bearbeitung und Montage oder durch Wellenbiegungen, durch Federung der Gehäuse und nachträglichen Versatz entstehen. Sie verschlechtern nicht nur die Laufeigenschaften der Lager z. B. durch Geräuschbildung, sondern gefährden auch die Betriebssicherheit durch Überbeanspruchung des Käfigs und der Rollbahnen.

## 1.1 Maßgenauigkeit der Sitzflächen.

Die Bearbeitung der Sitzflächen von Wellen und Gehäusen erfolgt in fast allen Werkstätten nach dem ISA-Paßsystem. Es ist die Aufgabe der Werkstatt, dafür zu sorgen, daß die sich aus dem Nennmaß und den Abmaßen ergebenden Grenzmaße nicht unter- oder überschritten werden. Je nach der Lage und Größe der „Maßtoleranzen" der zu verbindenden Werkstücke ergibt sich entweder ein größtes und kleinstes Übermaß, Übermaß und Spiel oder ein größtes und kleinstes Spiel. Die Größe dieser Passungsschwankung, die sog. „Paßtoleranz", ist gleich der Summe der „Maßtoleranzen".

Da eine gewisse Toleranz bei der Herstellung gleicher Stücke nicht zu vermeiden ist, muß man auch eine gewisse Schwankung des Sitzcharakters in Kauf nehmen. Es wäre aber falsch, wenn man die Zweckmäßigkeit einer Passung nach den äußersten Grenzfällen beurteilen würde. Hierbei muß vielmehr die Wahrscheinlichkeit für das Auftreten der Grenzfälle und damit die „Streuung der Ist-abmaße" innerhalb der Maßtoleranz und die „Streuung der Sitze" bei zufälligem Zusammentreffen irgendwelcher Stücke beachtet werden. Im folgenden soll durch einige Beispiele die Bedeutung der „Streuung" für die Wahrscheinlichkeit des Auftretens der Grenzfälle klargestellt werden[1].

In den folgenden graphischen Darstellungen ist die Toleranz auf der Abszisse aufgetragen und in $1\,\mu$ unterteilt. Die Höhe des Rechtecks über jedem Toleranz-teil von $1\,\mu$ (Abb. 1, 3 und 5) ist ein Maßstab für die Anzahl der Stücke, die in den betreffenden Bereich fallen; die Höhe der Ordinate für ein bestimmtes Spiel oder Übermaß (Abb. 2 und 4) ist der Maßstab für die Anzahl der Sitze gleicher

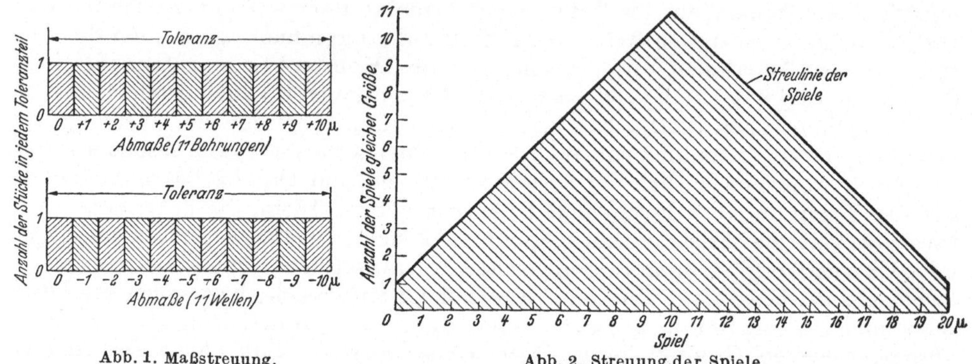



Abb. 1. Maßstreuung.             Abb. 2. Streuung der Spiele.

Art. Die Streuung wird naturgemäß um so besser erkennbar, je feiner die Toleranz unterteilt wird. Für diese Untersuchungen wurde $1\,\mu$ zugrunde gelegt, da die Streuung aus der gewählten Darstellung deutlich genug erkennbar wird, und eine höhere Maßgenauigkeit bei den für die Prüfung von Wälzlagern und Sitzflächen üblichen Verfahren nicht zu erreichen ist.

Zunächst sei als einfachster Fall angenommen, daß die Istabmaße der Boh-rungen von 11 Ringen und die der Durchmesser von 11 Wellen entsprechend Abb. 1 in dem Toleranzgebiet verteilt liegen. Auf jedes Toleranzteil von $1\,\mu$ entfällt also ein Stück. Die Maßstreuung wird in diesem Fall durch eine gerade Linie (Streu-linie) dargestellt. Wenn nun die einzelnen Bohrungen und Wellen beliebig gepaart werden, dann ergibt sich nach der Wahrscheinlichkeitsrechnung die in Abb. 2 dar-gestellte „Streulinie der Spiele" (oder Übermaße). Die Wahrscheinlichkeit dafür, daß ein Grenzfall vorkommt, ist $1 : n$, die Wahrscheinlichkeit für das gleichzeitige Zusammentreffen zweier Grenzfälle ist $1 : n\,(n-1)$. Bei der in Abb. 1 angenom-menen Streuung ergibt sich also für einen Grenzfall die Wahrscheinlichkeit $1 : 11$ und für beide gleichzeitig die Wahrscheinlichkeit $1 : 110$. Die graphische Dar-stellung der Abb. 2 zeigt, daß die Grenzfälle mit einem Spiel von $0\,\mu$ und $20\,\mu$ verhältnismäßig selten vorkommen, während das Spiel mittlerer Größe 11mal so häufig auftritt, trotzdem eine sehr ungünstige Maßstreuung zugrunde gelegt wurde.

Wenn eine Maßstreuung für Bohrung und Mantel nach Abb. 3 angenommen wird, kommen die Verhältnisse der wirklichen Streuung bei Massenfertigung schon viel näher. Dann ist nämlich die Wahrscheinlichkeit für das Zustandekommen eines Spiels mittlerer Größe 146mal so groß wie für einen Grenzfall (Abb. 4).

Die Wahrscheinlichkeit für das Auftreten der Grenzfälle wird aber noch ge-ringer, wenn die in der Praxis bei Massenfertigung wirklich vorkommende Maß-

---

[1] Die folgende Darstellung ist den Hausmitteilungen der Fa. Vereinigte Kugellager-fabriken A. G. Schweinfurt entnommen.

streuung zugrunde gelegt wird. Abb. 5 zeigt das Ergebnis der Prüfung von 500 Bohrungen und 500 Wellen und die mengenmäßige Verteilung in dem Toleranzgebiet. Die Streuung der Sitze bei beliebigem Austausch geht aus Abb. 6 hervor. Bei dieser Streuung ist die Wahrscheinlichkeit für das Entstehen eines Spiels

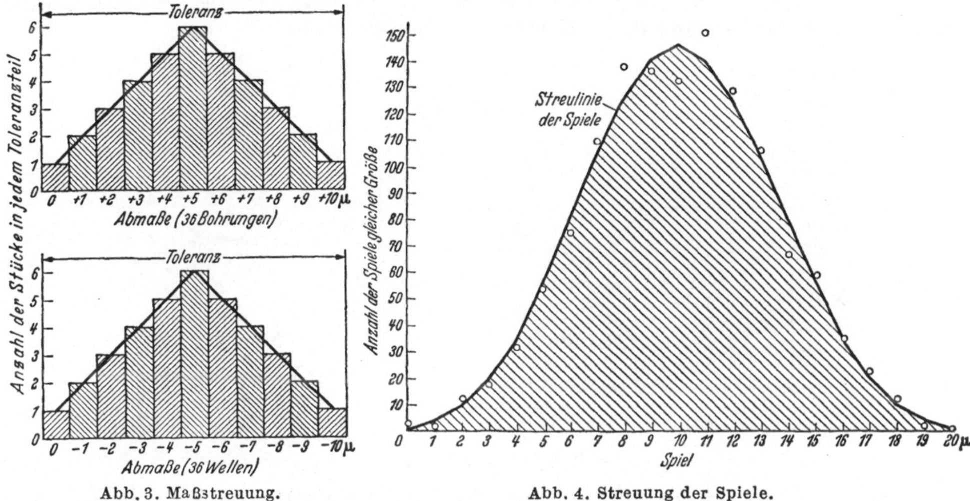

Abb. 3. Maßstreuung.                Abb. 4. Streuung der Spiele.

mittlerer Größe etwa 730mal so groß wie für einen der Grenzfälle. 94,3% der Sitze umfassen nur den halben Bereich der möglichen Streuung.

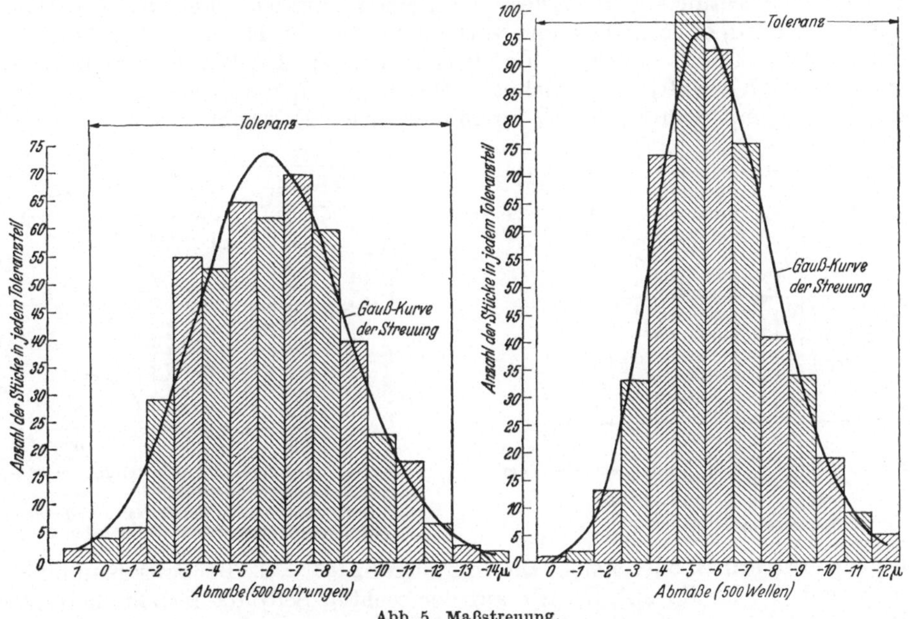

Abb. 5. Maßstreuung.

*Bei beliebigem Austausch der Teile ist also die Wahrscheinlichkeit für das Zusammentreffen der Grenzfälle sehr gering, und zwar um so geringer, je größer die Anzahl der Stücke ist. Eine Toleranzeinschränkung mit Rücksicht auf die Grenzfälle bedeutet daher eine äußerst unwirtschaftliche Maßnahme.*

Um eine Passung richtig zu beurteilen, ist es am besten, praktische Übungen mit einer genügend großen Anzahl von Werkstücken oder zu diesem Zweck angeschaffter Übungssätze vorzunehmen, deren Formgenauigkeit und Oberflächenrauhigkeit mit den Werkstücken übereinstimmt. Das Gefühl vermittelt erst die richtige Kenntnis über das Wesen eines Sitzes. Die Betrachtung der Zahlenwerte der Toleranz allein ohne diese Erfahrung, genügt nicht.

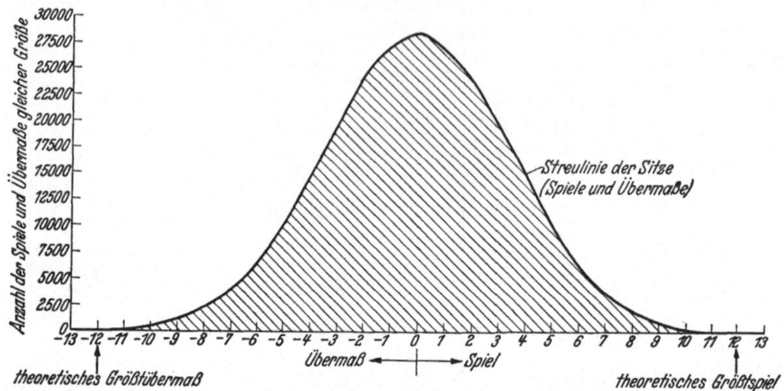



Abb. 6. Streuung der Spiele.

Wenn aber die Grenzfälle unbedingt vermieden werden müssen, dann ist im allgemeinen ein Aussuchen in zwei oder mehr Gruppen zweckmäßig. Dabei kann man offenbar den günstigsten Zustand erreichen, wenn jedes Lager dem entsprechenden Zapfen zugeordnet wird. Dies ist an einem einfachen Beispiel zu erkennen.

Angenommen, es seien 11 Lager vorhanden, die mit 11 Sitzflächen kombiniert werden sollen. Die Streuung sei die gleiche (Abb. 7). Die Zapfen und Lager sind mit den Ziffern $1 \cdots 11$ gekennzeichnet. Das Lager $R_1$ werde mit dem Zapfen $Z_1$, das Lager $R_2$ mit dem Zapfen $Z_2$ kombiniert usw. Es ergibt sich in allen Fällen

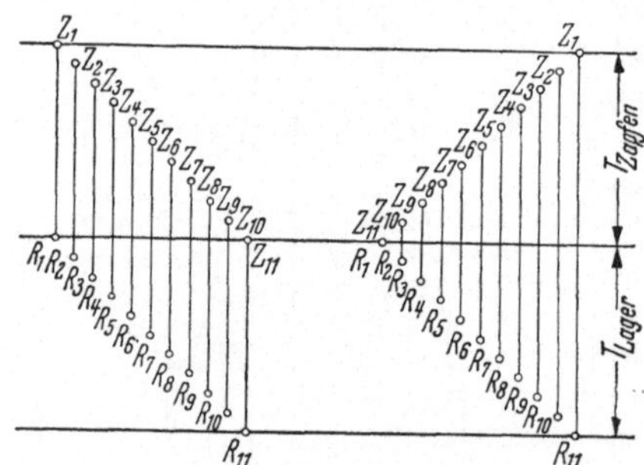

Abb. 7. Paßtoleranz beim Zusammensuchen der einzelnen Teile.

a Paßtoleranz $= T_L - T_Z = 0$
b Paßtoleranz $= T_L + T_Z$.

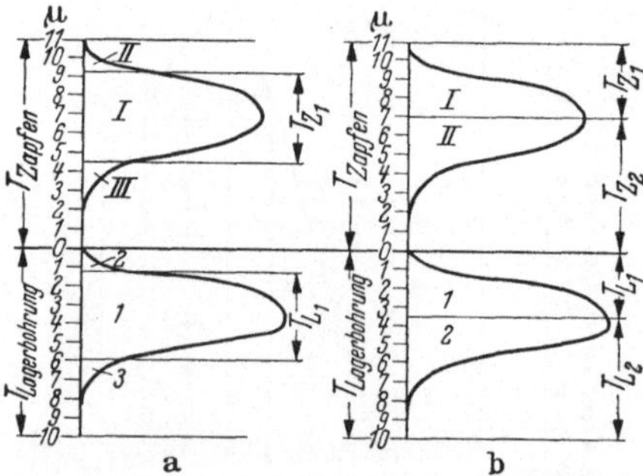

Abb. 8. Paßtololeranz bei Unterteilung der Toleranz in Gruppen.

a Zusammensuchen an der Gutseite und Ausschußseite, b beliebiger Austausch in jeder Gruppe.

das gleiche Übermaß oder Spiel. Die Paßtoleranz ist $= 0$. Bei einer Kombination von $Z_1$ mit $R_{11}$ bis $Z_{11}$ mit $R_1$, wie auf der rechten Seite dargestellt, beträgt die Paßtoleranz dagegen die Summe der Maßtoleranzen.

Es ist klar, daß das Aussuchen immer in einem für die Paßtoleranz günstigen Sinne vorgenommen werden kann. Wenn man glaubt, eine gewisse Paßtoleranz nicht überschreiten zu können, wird man am einfachsten zum Ziel kommen, wenn das gesamte Toleranzgebiet aufgelöst wird in einen Bereich mit beliebigem Austausch und ein anderes Gebiet, in welchem die Teile zusammengesucht werden (Abb. 8). Es werde angenommen, daß die Lager der Gebiete _1_ und _I_ beliebig gepaßt werden, während für die anderen Gebiete insofern ein Zusammensuchen stattfindet, als Gebiet _III_ mit _3_ und _II_ mit _2_ gepaart werden. Dann wird die Paßtoleranz von $T_{Z_1} + T_{L_1}$ bestimmt nicht überschritten. Man kann aber auch entsprechend Abb. 8 b in Gruppen unterteilen und innerhalb der Gruppen beliebig zusammensetzen. Die Paßtoleranz ist dann $T_{Z_1} + T_{L_1}$ bzw. $T_{Z_2} + T_{L_2}$.

_Bei diesen Überlegungen darf nicht vergessen werden, daß das Zusammensuchen zwecks Erzielung einer sehr kleinen Paßtoleranz nur dann aufgeht, d. h. nur dann für jeden Zapfen ein entsprechendes Lager vorhanden ist, wenn die Maßstreuung beider Werkstücke genau gleich ist._ Aus diesem Grunde wäre es geradezu widersinnig, die Toleranz des einen Teiles kleiner zu machen als die des anderen Teiles. Trotzdem läuft man Gefahr, daß das Zusammensuchen nicht wie gewünscht aufgeht, vor allen Dingen, wenn zu geringe Mengen zur Verfügung stehen. Die Forderung, für die restlichen Stücke passende Lager zu erhalten, bedeutet aber nichts anderes als eine wesentliche Toleranzverkleinerung.

Von manchen Abnehmern wird darüber Klage geführt, daß die Lager der einen Firma mehr am oberen Grenzabmaß liegen, die der anderen dagegen mehr am unteren Grenzabmaß, und der Wunsch nach einer Vereinheitlichung ausgesprochen. Auch eine solche Forderung ist nicht ohne wesentliche Mehrkosten zu erfüllen. _Eine Vorschrift über die Streuung, gleich welcher Art, ist immer gleichbedeutend mit einer Toleranzeinschränkung._

## 1.2 Rauhigkeit der Sitzflächen.

Wenn die wünschenswerte Passung auf die Dauer erhalten bleiben soll, ist es notwendig, daß mindestens eine dem Schliff des Lagers gleichwertige Oberflächenbeschaffenheit erzielt wird. Bei gedrehten Wellen ist die Rauhigkeit im allgemeinen zu groß, da der Stahl Riefen in Gestalt eines mehr oder weniger feinen Gewindes erzeugt. Die gewöhnlich gedrehte Fläche zeigt bei einer Vergrößerung von 1:200 ein Profil entsprechend Abb. 9a.

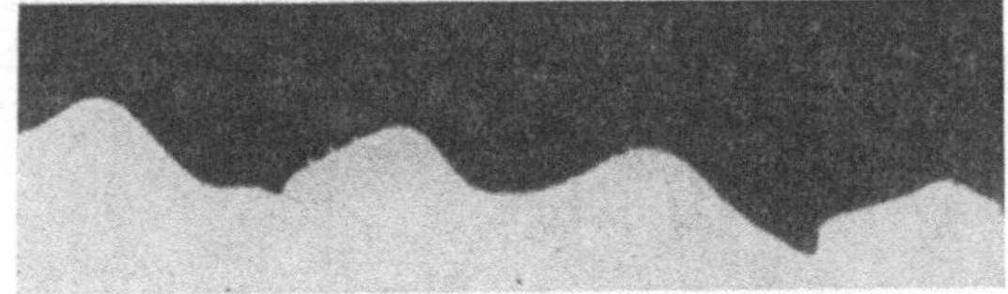

Abb. 9a. Profil der Längsschnittkante einer gedrehten Fläche

Für eine bestimmte Pressung ist bei einer sehr rauhen Oberfläche entsprechend Abb. 9a ein größeres Übermaß erforderlich als bei einer glatten Oberfläche entsprechend Abb. 9b. Bei Bewegungssitzen hat die Rauhigkeit

Abb. 9 b. Profil der Längsschnittkante einer geschliffenen Fläche.

die gleiche Bedeutung wie bei Ruhesitzen, wenn eine gute Passung und eine möglichst geringe Abnutzung erreicht werden soll.

Schon bei dem Einbau der Lager werden die Kuppen platt gedrückt, so daß der etwa bei der Kontrolle mit Rachenlehren festgestellte Durchmesser in Wirklichkeit nicht mehr vorhanden ist. Die Welle besitzt also tatsächlich nicht das in Rechnung gesetzte Übermaß. Ein Lockern der Rollbahnringe ist leicht möglich, vor allen Dingen, wenn das Istabmaß an der unteren Grenze der Toleranz liegt. Dieser Zustand ist auch gefährlich bei einer an sich zulässigen losen Passung, die aber im Betrieb keine Erweiterung des Spiels erfahren darf. Wenn bei einer gedrehten Fläche zunächst nur die Kuppen als Auflage dienen, dann ist eine schnell fortschreitende Verformung und damit eine unzulässige Vergrößerung der Luft bestimmt zu erwarten. Besonders bei stoßweiser Belastung ist daher auf die Oberflächenbeschaffenheit großer Wert zu legen.

Die Rauhigkeit hat bei den Gehäusesitzflächen die gleiche Bedeutung wie bei den Sitzflächen der Welle. Infolge des größeren Umfanges ist die spezifische Belastung geringer, die Luft der lose sitzenden Außenringe ist aber im allgemeinen größer. Die Verformung der Sitzfläche in der Breite des Außenringes bedeutet eine große Gefahr, weil sich der Ring nicht mehr verschieben läßt, und die durch Wärmedehnung hervorgerufene axiale Beanspruchung in voller Höhe von dem Lager aufgenommen werden muß.

Das in manchen Werkstätten benutzte Mittel der Aufrauhung der Sitzflächen durch Körnerschläge oder Ränderieren bedeutet eine große Verringerung der Tragfähigkeit des Lagers. Außerdem bleibt die Gefahr des Lockerns des Ringes und des Verschleißes der Sitzfläche und des Lagers bestehen. Grundsätzlich sollte daher in allen Fällen, wo die Toleranz der Sitzfläche entweder bei der Bearbeitung oder durch vorher gegangenen Verschleiß unterschritten ist, ein Nachschleifen der Sitzfläche erfolgen. Damit eine gewisse Einheitlichkeit erzielt wird, ist zu empfehlen, als Zwischenstufe ein Maß mit der Endziffer 8 oder 3 zu wählen. Noch günstiger ist es natürlich, vor allen Dingen im Interesse des Besitzers der Maschine oder des Fahrzeuges, wenn auf die Verwendung nichtmaßhaltiger Wellen überhaupt verzichtet wird.

Bei großen Lagern kann es allerdings wirtschaftlich sein, nach Mitteln und Wegen zu suchen, um die Welle oder Walze wieder verwendungsfähig zu machen. Es gibt heute mehrere Verfahren, mit denen auch ganz dünne Schichten aufgetragen werden können, und eine gute Verbindung des alten und neuen Materials erzielt wird. Ein Aufschweißen von Material ist meistens bedenklich, vor allen Dingen, wenn die Welle bereits bis zur zulässigen Grenze beansprucht ist. Bei geringen Fehlern kann im Notfall durch Verchromen oder Verzinnen eine Verengung oder Vergrößerung erzielt werden. Dieses Verfahren ist aber nur bei großen Lagern wirtschaftlich.

### 1.3 Formgenauigkeit der Sitzflächen.

Über die Formgenauigkeit irgendeines Maschinenteils werden von seiten des Konstrukteurs leider in den meisten Fällen keine Angaben gemacht; man begnügt sich im allgemeinen damit, für die zu bearbeitenden Flächen an irgendeiner Stelle einen Durchmesser mit den Grenzabmaßen einzutragen. Auch im Betrieb wird oft übersehen, daß man zu einer ganz falschen Beurteilung einer Passung kommen kann, wenn man die Prüfung z. B. einer Zylinderfläche auf die Feststellung der Toleranzhaltigkeit an irgendeiner Stelle beschränkt. Mit Rücksicht auf einen möglichst leichten und gleichmäßigen Lauf sowie eine lange Lebensdauer und hohe Betriebssicherheit der Wälzlager muß bei der Bearbeitung der Teile dafür gesorgt werden, daß nicht nur an keiner Stelle die vorgeschriebene Toleranz überschritten wird, sondern auch die Abweichungen von der Formgenauigkeit so klein gehalten werden, wie es für die jeweiligen Betriebsbedingungen erforderlich ist. In der Abb. 10 sind die möglichen Fehler schematisch dargestellt. Die Abb. a und b zeigen die Unrundheit; ein Schnitt senkrecht zur Achse ergibt keinen Kreis, sondern eine Ellipse oder eine andere Verzerrung, z. B. ein Gleichdick. Die Abb. c läßt erkennen, daß zwei gegenüberliegende Mantellinien nicht parallel zur Achse liegen, die Sitzfläche der Welle ist kegelig. In den Abb. d, e und f ist die Mantellinie keine Gerade, sondern eine irgendwie gekrümmte Linie (Krümmungsfehler)[1].

Je höhere Anforderungen an das betreffende Maschinenteil gestellt werden, um so geringer müssen die oben dargestellten Fehler sein. Bei Mantelfächen (Wellen) ist die Einhaltung enger Toleranzen wesentlich leichter als bei Bohrungen (Gehäusen). Die Größe der Unrundheit hängt in erster Linie von der Güte der Bearbeitungsmaschine ab. Sie kann aber auch von der Einspannung des Werkstückes beeinflußt werden. Ist die Wandstärke sehr ungleichmäßig, dann tritt leicht ein nachträgliches Verziehen ein. In manchen Fällen ist es daher zweckmäßig, die Fertigbearbeitung nur bei geringer Spanabnahme oder kleinem Schleifdruck vorzunehmen, um die Erwärmung des Werkstückes niedrig zu halten. Die kegelige Form einer Bohrungs- oder Mantelfläche ist in erster Linie die Folge fehlerhafter Schlittenführung der Werkzeugmaschine. Um einen solchen Fehler zu erkennen, ist es notwendig, das erste Werkstück genau zu prüfen.

Abweichungen von dem parallelen und geraden Verlauf der Mantellinien kann man nur durch sorgfältige Prüfung, über die Breite der Sitzfäche hinweg, beobachten. Derartig geformte Flächen sind von großem Nachteil für den Sitz der Rollbahnringe, da sie der Anlaß zur Bildung des „Reibrostes" sind. Der Rollbahnring kann an den nicht unterstützten Stellen federn. Die geringen Bewegungen unter hoher Last führen zu einer Oxydation der Oberflächen. Gleichzeitig wird durch die nur stellenweise vorhandene wirklich innige Verbindung die zwischen beiden Oberflächen bestehende Pressung wesentlich beeinflußt, so daß eine Lockerung eintreten kann. Außerdem ergibt sich eine Beeinträchtigung der Tragfäche, weil die nicht unterstützten Zonen unter der Belastung federn, und der Rest der Rollbahn entgegen dem der Berechnung zugrunde gelegten Zustand eine viel höhere spezifische Last aufnehmen muß.

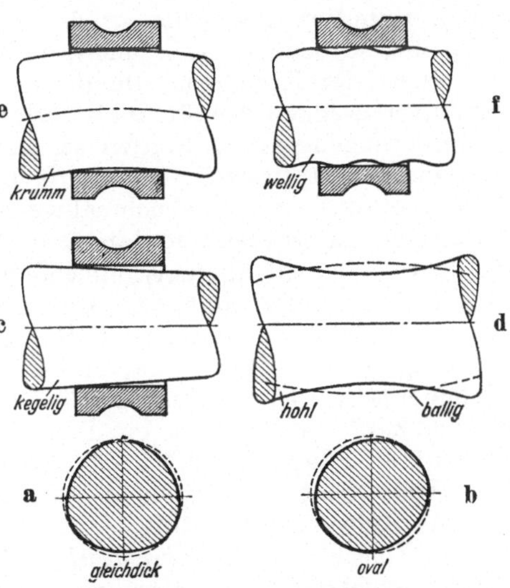



Abb. 10. Formfehler.

Solche fehlerhaften Sitzfächen sind von ganz besonders großem Nachteil bei allen Rollenlagern, da die Form der Rollbahn in gleichem Maße gestört wird. Bei Lagern mit Punktberührung, z. B. einreihigen Kugellagern, ist die Einwirkung geringer. Die Nachteile sind bei Rollbahnringen mit losem Sitz genau die gleichen wie bei solchen, die aufgepreßt wurden.

Krümmungsfehler treten besonders leicht auf, wenn die Wellen nach der mechanischen Bearbeitung etwa durch Schmirgeln von Hand auf das richtige Maß gebracht werden sollen, falls diese Operation nicht mit einer beinahe an Kunstfertigkeit grenzenden Sorgfalt erfolgt. Es kann daher nicht genügend eindringlich auf diese Gefahr hingewiesen werden. Selbstverständlich ist auch eine nachträgliche örtliche Bearbeitung der Sitzfläche unzulässig, weil ein Tragen des Rollbahnringes an dieser Stelle unmöglich ist. In einem Falle konnte folgende Beobachtung gemacht werden: Um eine durch einen Schlag mit einem harten Gegenstand her-

---

[1] KIENZLE: Wege zum zuverlässigen Werkstückmaß. Werkst.-Techn. 1937. Heft 23.

vorgerufene Beschädigung der Welle zu beseitigen, hatte der betreffende Arbeiter die Hiebnarben mit einer Feile beseitigt. Die dadurch hervorgerufene viel stärkere Beschädigung der Welle war deutlich auf der Rollbahn des Innenringes zu erkennen. Die Rollspur besaß an dieser Stelle eine wesentlich geringere Breite. Durch diese Beobachtung wurde man veranlaßt, den Zustand der Welle zu untersuchen.

Wenn auch die Durchmessertoleranz der Sitzflächen bei Verwendung geschlitzter Kegelhülsen wesentlich größer sein kann als bei Lagern mit zylindrischer Bohrung, so bedeutet dies nicht, daß die Abweichungen von der Rundheit, der Zylinder- oder Kegelform, die gleiche Größenordnung haben dürfen. Sowohl für die Zuverlässigkeit des Sitzes als auch für die Lagegenauigkeit müssen die gleichen Anforderungen gestellt werden wie bei Lagern mit zylindrischer Bohrung. Ganz besonders trifft dies auf die Kegelflächen zu, die möglichst genau gleiche Steigung haben sollten, um eine gleichmäßige Aufweitung über die ganze Breite des Rollbahnringes zu ergeben und damit gleichzeitig einen gleichmäßigen Sitz der Kegelflächen. Bei nicht übereinstimmenden Kegeln findet man den vom zylindrischen Sitz her bekannten Reibrost. Außerdem besteht die Gefahr, daß sich die Hülsen allmählich lockern. Gleiches trifft selbstverständlich für den Sitz der Hülsenbohrung auf dem Zapfen zu. Auch diese Flächen sollen möglichst vollkommene Zylinder sein. Bei welliger Oberfläche trägt die Hülse nur an einigen Stellen. Ein rauher Zapfen kann leicht ein Fressen hervorrufen, wenn eine andere Fläche auf ihm unter hohem Druck verschoben wird. Bei Spannhülsen ist die Rauhigkeit der Welle nicht von derselben Bedeutung wie bei Abziehhülsen, weil das Lager auf die Hülse gepreßt wird.

Die Durchmessertoleranz *kegeliger* Sitzflächen spielt eine geringe Rolle, da für die Verschiebung des Innenringes meistens genügend Platz zur Verfügung steht. Wichtig ist aber die Prüfung der Kegelsteigung und der Erzeugenden des Kegels. Diese Kontrolle sollte mit einem Kegellehrring vorgenommen werden, der für diesen Zweck besonders angefertigt ist. Es ist jedenfalls nicht zulässig, bei der Einstellung des Supports von der Kegelsteigung auszugehen, da hierbei mit einem zu großen Fehler gerechnet werden muß. Der Lehrring sollte von dem Lagererzeuger hergestellt oder nach einer zur Verfügung gestellten Urlehre gefertigt werden, wenn eine genügend genaue Übereinstimmung zwischen dem Kegel der Lagerbohrung und des Zapfens erzielt werden soll. Ein Rollbahnring darf nur im Notfall als Lehre benutzt werden, da er immer mehr oder weniger von der Urlehre abweicht. Wegen dieser Schwierigkeiten verwendet man den kegeligen Sitz nur dort, wo die Festigkeit bis zum äußersten ausgenutzt ist und ein gleich starker zylindrischer Zapfen, der größere Lager bedingt, mit Rücksicht auf den zur Verfügung stehenden Raum nicht zweckmäßig ist.

## 1.4 Lagegenauigkeit der Sitz- und Stützflächen.

In bezug auf die Lagegenauigkeit der Sitz- und Stützflächen können folgende Fehler vorkommen:

1. Die seitlichen Stützflächen im Gehäuse oder auf der Welle, die Gehäuseschultern oder Wellenbunde oder die Seitenflächen von Abstandshülsen liegen nicht winkelrecht zur Achse der Zylinderflächen (Abb. 11).

2. Die Achsen der Sitzflächen der beiden Lagerstellen einer Welle liegen zwar parallel, sind aber in irgendeiner Richtung versetzt (Abb. 12).

3. Die Achsen der Sitzflächen der beiden Lagerstellen einer Welle liegen geneigt zueinander (Abb. 13).

Der Lagegenauigkeit der Stützflächen wird meistens eine zu geringe Beachtung geschenkt. Infolge starker seitlicher Verspannung oder hoher Axialdrücke wird der Rollbahnring mehr oder weniger verkantet. Bei kleinen Lagern kann sogar die Welle gekrümmt werden. Wenn ein genauer Rundlauf der Welle verlangt wird, muß ganz besonders scharf darauf geachtet werden, daß die Anlageflächen genügend genau rechtwinklig zur Achse stehen.

Eine große Bedeutung hat die Lage der Stützflächen bei Scheibenlagern, da sie allein die Lage der Scheiben bestimmen. Der Fehler der Gehäuseschulter kann zwar durch eine kugelige Fäche behoben werden. Eine schiefe Stellung der „Wellenscheibe" infolge schiefer Lage des Wellenbundes oder der Seitenfäche der Abstandshülse kann jedoch nicht ausgeglichen werden. Hierin liegt oft die Ursache für eine Beschädigung oder für einen zu großen axialen Schlag der Scheiben-

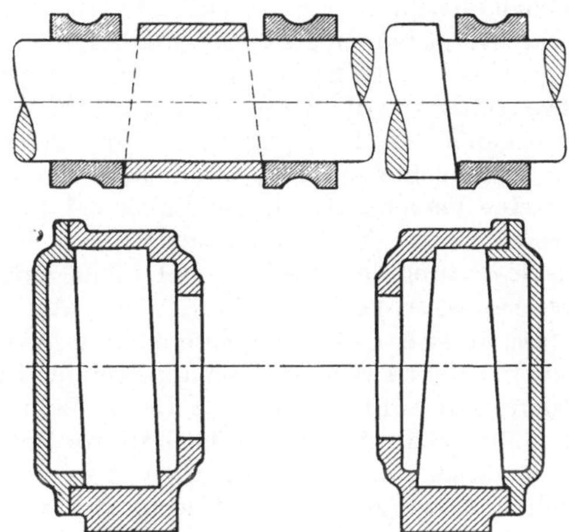

Abb. 11. Lagefehler der Stützflächen.

lager. Bei ungewöhnlich hohen Anforderungen muß außerdem dafür gesorgt werden, daß die Rillen möglichst genau konzentrisch liegen.

Der Fehler in bezug auf die Gleichachsigkeit der Sitzflächen zweier Lager kann sowohl durch die Herstellung als auch durch den Einbau hervorgerufen werden.

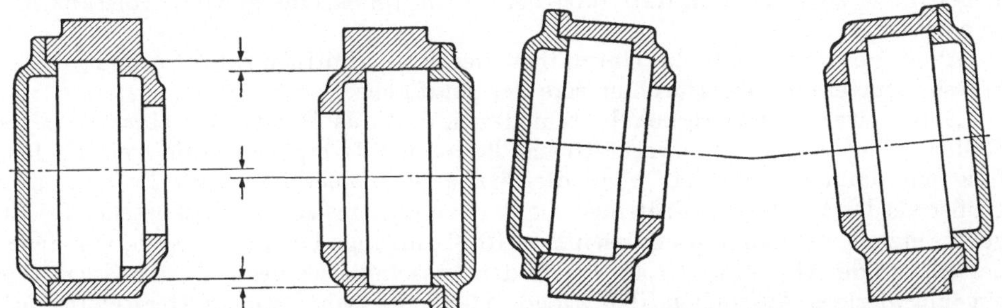

Abb. 12. Lagefehler. Versetzte Bohrungen.　　　Abb. 13. Lagefehler. Nicht gleichachsige Bohrungen.

Eine genügende Gleichachsigkeit der Sitzflächen für die Lagerbohrungen ist meistens leicht zu erzielen, wenn dieselben auf einem Wellenstück liegen. Beim Einbau zusammengesetzter Wellen muß danach gestrebt werden, diesen Fehler so klein wie möglich zu halten. Die Erzielung gleichachsiger Gehäusebohrungen macht dagegen oft große Schwierigkeiten, vor allen Dingen, wenn die Sitzflächen nicht in einer Aufspannung bearbeitet werden können, wie dies bei vielen Gußteilen der Fall ist.

Wegen der großen Gefahr, die mit einer Abweichung von der Gleichachsigkeit verbunden ist (Verkantung der Rollbahnringe), und der oft unmöglichen Prüfung der Lagegenauigkeit sollte auf die zweckmäßige Bearbeitungsweise größter Wert gelegt werden, wenn an den betreffenden Lagerstellen Rillenlager, Kegellager oder Zylinderlager zur Anwendung kommen. Durch Anordnung von Zentrierflächen und geeigneten Spannvorrichtungen kann auch in solchen Fällen eine genügende Genauigkeit erreicht werden.

## 2 Prüfen der Sitzflächen.

### 2.0 Einleitung.

Um die richtige Passung der Rollbahnringe zu erzielen, kann man die Sitzflächen einzeln nach den Lagern bearbeiten, für die sie bestimmt sind. Dieses Vorgehen bringt jedoch große Nachteile mit sich. Es ist zeitraubend, für jedes einzelne Lager das Istmaß zu bestimmen und danach die Sitzfäche zu schleifen. Wird das Lager selbst für die Kontrolle der Sitzfläche benutzt, dann besteht die Gefahr, daß keine genügende Pressung erzielt wird, da sich das Prüflager nur über die Sitzfläche der Welle schieben läßt, wenn diese kleiner ist als die Bohrung. Hinzu kommt, daß eine Verschmutzung der Lager bei der Verwendung als Meßwerkzeug nicht zu vermeiden ist. Trotzdem wurde dieses Verfahren früher häufig angewendet, als die Bedeutung der Passung noch nicht genügend bekannt war und auch von seiten der Wälzlagerfirmen gewöhnlich eine Art Schiebesitz vorgeschrieben wurde.

Da diese Art des „Zupassens" von Welle oder Gehäuse und Lager auch heute noch in solchen Werkstätten angewendet wird, die keine geeigneten Meßwerkzeuge besitzen, sei auf die Nachteile dieses Verfahrens ausführlich hingewiesen. Meistens ist nicht bekannt, welches Istmaß die Bohrung oder der Mantel wirklich besitzt. Es ist daher auch nicht möglich, von diesem Maß bei der Bearbeitung der Sitzflächen auszugehen. Selbst wenn der zum Prüfen benutzte Ring auf den nach ihm hergestellten Sitzfächen eine befriedigende Passung erhalten hat, können die übrigen Ringe entweder zu fest oder zu lose sitzen, je nach dem Istmaß des Prüfringes. Alle anderen Ringe ergeben einen zu losen Sitz, wenn sie zufällig an der Ausschußseite liegen, der Prüfring aber an der Gutseite. Es kann aber auch der umgekehrte Fall eintreten, daß die Rollbahnringe einen zu festen Sitz erhalten. Die Abnehmer beklagen sich dann gewöhnlich über die große Ungenauigkeit der Lager, ohne zu bedenken, daß auch bei diesen Teilen eine gewisse Toleranz notwendig ist.

Auch die unvermeidliche Unrundheit der Rollbahnringe führt zu einer fehlerhaften Beurteilung des Durchmessers der Sitzfäche.

Eine weitere Schwierigkeit besteht darin, daß das Messen mit einem einzigen Rollbahnring immer einen verhältnismäßig losen Sitz ergeben muß, weil die Prüfung nur dann möglich ist, wenn die Sitzfäche kleiner ist als die Bohrung oder größer als der Mantel des Prüfringes. Soll ein einigermaßen zufriedenstellendes Ergebnis erzielt werden, dann müssen zwei Rollbahnringe benutzt werden, von denen der eine an der Gutseite, der andere an der Ausschußseite liegt. Dies bedingt aber ein langwieriges Aussuchen der Ringe oder eine sehr genaue Herstellung, die mit großen Kosten verbunden ist, ohne wirklich zuverlässige Werte zu ergeben, da die schwachen Rollbahnringe sich leicht verziehen.

*Es ist daher in allen Fällen zweckmäßig, nach Grenzlehren zu arbeiten, die ebenso wie neuzeitliche Werkzeugmaschinen zu einer gut eingerichteten Werkstatt gehören.*

### 2.1 Meßfehler.

**2.11 Fehler der Meßgeräte.** Es ist klar, daß alle Meßmittel, gleichgültig, ob es sich um feste Lehren, Schraublehren oder Zeigergeräte handelt, mit mehr oder weniger großen Fehlern behaftet sind. Die Fehler der Meßuhren setzen sich zusammen aus Übersetzungsfehlern, Teilungsfehlern und Reibungsschwankungen. Die Fehler von Minimetern und Optimetern sind geringer als die von Meßuhren. In der Tabelle 1 sind die Fehlergrenzen der gebräuchlichsten Meßgeräte vergleichsweise aufgeführt, die entweder durch DIN oder von den Herstellern festgelegt sind. Eine Feinmeßschieblehre ist also für die Kontrolle von Toleranzen, wie sie bei Wälzlagern oder Wellen und Gehäusen in Betracht kommen, nicht geeignet, da sie z. B. bei einem Durchmesser von 50 mm einen eigenen Fehler bis zu 0,042 mm aufweisen kann, der fast dreimal so groß ist wie die zulässige Toleranz der Lagerbohrung. Wie aus Tabelle 1 zu ersehen ist, hat die Meßuhr den größten Fehler aller

Tabelle 1. Fehler von Meßmitteln.

| Meßwerkzeug | Möglicher Fehler, Fehlergrenzen [*] |
|---|---|
| Prüfmaßstab — DIN 865 | $\pm\left(0,01 + \dfrac{L}{100\,000}\right)$ mm |
| Schieblehren — DIN 862<br>$^1/_{50}$ Nonius | $\pm\left(0,02 + \dfrac{L}{50\,000}\right)$ mm |
| Grenzrachenlehren<br>    eW — DIN 2073<br>    h 5 — DIN 7160 (ISA) | 46% der Ausgangstoleranz<br>27% der Ausgangstoleranz |
| Lehrdorne, Flachlehren u. a.<br>    e B — DIN 2072<br>    H 6 — DIN 7161 (ISA) | 36% der Ausgangstoleranz<br>21% der Ausgangstoleranz |

Schraublehren, Genauigkeitsgrad I — DIN 863 — Gesamtfehler bei der Prüfung mit Parallelendmaßen:

| Meßbereich mm | | Fehler mm |
|---|---|---|
| über | bis | |
| 25 | 100 | 0,004 |
| 100 | 150 | 0,005 |
| 150 | 200 | 0,006 |
| 200 | 300 | 0,007 |
| 300 | 400 | 0,008 |
| 400 | 500 | 0,010 |

Meßuhren — DIN E 878—2:

| Genauigkeitsgrad | Größte Gesamtabweichung in der Fehlerkurve | | | | Umkehrspanne |
|---|---|---|---|---|---|
| | Grobbereich bei einem Meßbereich | | | Feinbereich | |
| | bis 3 mm | bis 5 mm | bis 10 mm | | |
| I | 0,010 | 0,012 | 0,015 | 0,005 | 0,002 |
| II | 0,015 | 0,020 | 0,025 | 0,007 | 0,003 |
| III | 0,025 | 0,030 | 0,040 | 0,010 | 0,005 |

| Meßwerkzeug | Möglicher Fehler, Fehlergrenzen |
|---|---|
| Minimeter, Mikrotast 1 : 500 | 0,001 mm, Skalenwert 0,002 |
| Optimeter | $\pm$ 0,00025 mm, Skalenwert 0,001 |
| Parallelendmaße, Genauigkeitsgrad I — DIN 861 | $\pm\left(0,0002 + \dfrac{L}{200\,000}\right)$ mm |

[*] L = Meßlänge in mm.

Zeigergeräte. Schon nach kurzzeitigem Gebrauch kann eine Vergrößerung des Fehlers um 10 bis 30 $\mu$ eintreten. Wesentlich enger liegen die Fehlergrenzen bei Geräten mit auf Schneiden gelagerten Hebeln, wie z. B. bei Minimeter und Mikrotast. Nach einem ähnlichen Prinzip arbeitet auch der Johansson-Indikator für Bohrungsmessungen sowie der Zeiß-Orthotest. Die mechanisch-optischen Geräte weisen Fehlergrenzen von nur $\pm$ 0,00025 mm auf, dieser Wert kann in mechanischen Meßgeräten kaum unterboten werden. Für eine weitere Herabsetzung der Fehlergrenze besteht wegen der Kontrolle von Bohrungs- und Mantelflächen zur Zeit kein Bedürfnis.

**2.12 Fehler durch unzulässige Abnutzung der Lehren.** Wenn auch die Widerstandsfähigkeit gegen Verschleiß durch die heute verwendeten Werkstoffe und Herstellverfahren beträchtlich zugenommen hat, so ist doch eine Abnutzung der Meßflächen im Laufe der Zeit nicht zu vermeiden. Die zulässige Abnutzung ist in DIN 7162 festgelegt. Es ist daher dringend erforderlich, den Grad der Abnutzung nach einer gewissen Gebrauchsdauer zu kontrollieren. Ohne eine ständige, nach einem bestimmten Zeitplan vorgenommene Überprüfung der Lehren besteht immer die Gefahr, daß große Mengen oder teure Stücke Ausschuß werden. Leider wird diesem Umstand in manchen Werken noch nicht genügend Rechnung getragen. Nicht selten konnten Maßbeanstandungen an Wälzlagern als gegenstandslos zurückgewiesen werden, weil sich herausstellte, daß die Lehren des Abnehmers unzulässig weit abgenutzt waren.

**2.13 Fehler durch die Meßkraft.** Die heute üblichen Übergreiflehren — Rachenlehren und Schraublehren — sind mehr oder weniger elastisch. Da die Normaldrücke in der Meßfläche $4\cdots6$mal so groß sind wie die tangentiale Meßbelastung, kann die Meßkraft das Ergebnis stark beeinflussen. Bei Lehren von $10\cdots200$ mm ist der Unterschied zwischen dem Arbeitsmaß (bei einer durch das Eigengewicht ausgeübten Meßkraft) und dem Eigenmaß (bei der Meßkraft Null) $0,3\cdots12,9\,\mu$[1]. Aus diesem Grunde wird in DIN 2057 nicht der Abstand der Meßflächen angegeben, sondern als Maß der Rachenlehre der Durchmesser derjenigen Meßscheibe, über die sie im leicht eingefetteten Zustande durch ihr Eigengewicht, aber mindestens 100 g, gerade hinübergleitet. Bei den ISA-Verhandlungen wurde ferner bestimmt, daß die Meßscheibe sachgemäß gereinigt, d. h. mit einem Vaseline-Fetthauch versehen und dann sorgfältig abgewischt werden muß. Statt des Eigengewichtes wurde auch eine andere Gebrauchsbelastung zugelassen, die aber anzugeben ist.

Bei waagerechtem Gebrauch treten Maßänderungen bis $\pm10\,\mu$ und beim Überschwenken der Lehre über den Prüfling im Vergleich zum senkrechten Übergleiten bis zu $6\,\mu$ auf.

KIENZLE beschreibt in einem Aufsatz „Feste Lehren im ISA-System"[2] eine Vorrichtung, mit der die Gebrauchsbelastung genau eingestellt werden kann. Sie besteht im wesentlichen aus einem Waagebalken. Auf der einen Seite hängt die Lehre und auf der anderen Seite ein veränderliches Gewicht zum Ausbalancieren der Lehre. Die Rachenlehre gilt als richtig, wenn sie unter einem bestimmten Gewicht gerade über die Prüfscheibe geht. In den Werkstätten einer namhaften Kugellagerfabrik werden alle Rachenlehren auf diese Art und Weise eingestellt, und zwar unter einem Gewicht von 100 g. Diese Einrichtung hat gleichzeitig den großen Vorteil, daß der Arbeiter von Zeit zu Zeit sein Gefühl kontrollieren und abstimmen kann. Es hat sich gezeigt, daß auch unerfahrene Arbeiter mit Hilfe dieses Apparates schon nach kurzer Zeit ein sicheres Gefühl für die Gebrauchsbelastung erhalten. Diese Maßnahme und die Begrenzung der Gebrauchsbelastung auf 100 g sind deshalb besonders wichtig, weil die Federung der verhältnismäßig dünnen Wälzlagerringe bei der Handhabung von Rachenlehren und Flachlehren große Fehler zur Folge haben kann.

**2.14 Fehler durch Temperaturunterschiede.** Der Temperatureinfluß auf Meßmittel und Prüfling darf nie vernachlässigt werden. Ein Grad Temperaturunterschied ergibt für Stahl bei einer Meßlänge von 100 mm eine Abweichung von $1,1\,\mu$. Bei einem Bohrungsdurchmesser von 215 mm würde z. B. ein Meßfehler von rund

---

[1] Werkst.-Techn. 1936. Heft 23.
[2] Werkst.-Techn. 1936, Heft 23.

12 $\mu$ zustande kommen, wenn die Lehre nur um 5° kälter oder wärmer wäre als das Gehäuse. Es ist daher notwendig, daß beim Messen Prüfling und Lehre oder Vergleichsstück, vor allen Dingen bei großen Teilen, immer gleiche Temperatur haben. Außerdem ist zu beachten, daß verschiedene Werkstoffe verschiedene Dehnung bei Temperaturerhöhung aufweisen. Aluminium hat beispielsweise einen doppelt so großen Ausdehnungsbeiwert wie Stahl. Ein Arbeitsstück aus Aluminium darf also unmittelbar mit einer Lehre aus Stahl nur bei der festgesetzten Bezugstemperatur gemessen werden, andernfalls muß ein Normalmaß aus Aluminium zum Vergleich benutzt werden.

**2.15 Fehler durch Maßübertragung. Ablesung und persönliche Einflüsse.** Bei der Übertragung der Maße von einem Meßmittel auf ein anderes können sich die Einzelfehler addieren. So ist beispielsweise bei der Abnahme eines Maßes mit Meßschnäbeln und Übertragung auf ein Optimeter unter Kontrolleinstellung des Optimeters mit Parallelendmaßen bereits ein Fehler von 3···5 $\mu$ zu erwarten. Die Unsicherheit von 2 „angesprengten" Endmaßstücken kann im ungünstigsten Falle 0,5 $\mu$ betragen. Sie ist also für die bei Wälzlagersitzen anzustrebende Genauigkeit ohne Bedeutung.

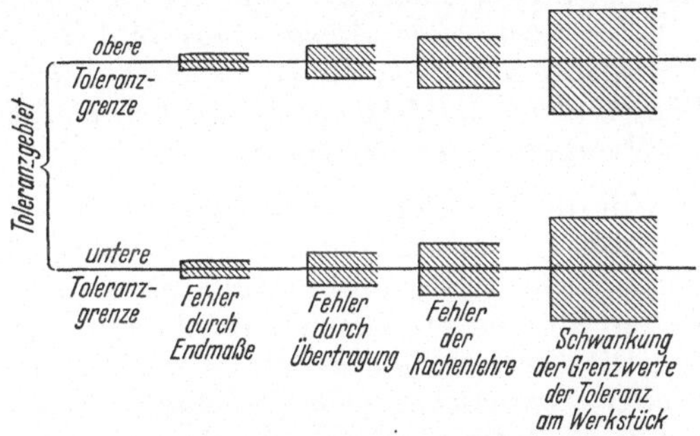


Abb. 14. Mögliche Schwankung der Toleranzgrenzen.

Die Ablesegenauigkeit eines Gerätes darf nicht mit der Genauigkeit des Meßergebnisses verwechselt werden. Wenn z. B. ein Minimeter bei einem Skalenwert von 0,01 mm eine Teilstrichentfernung von 1 mm besitzt und eine Schätzung auf $^1/_3$ dieses Wertes zuläßt, so ist damit keinesfalls gesagt, daß das Meßergebnis auf 0,003 mm genau ist. Die Ablesegenauigkeit ist von mehreren Faktoren abhängig, so von der Strichstärke der Skala, von dem Teilstrichabstand und dem Lichteinfallwinkel.

Auch der subjektive Einfluß ist nicht auszuschalten. Er kann aber erträglich bleiben, wenn Fehler durch den Mittelwert einer Meßreihe ausgeglichen werden oder

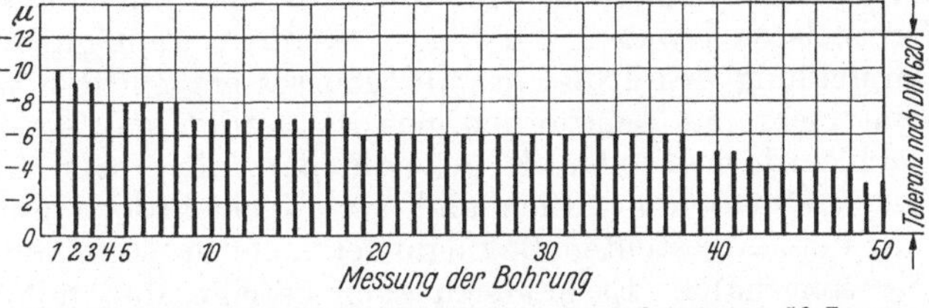


Abb. 15. Unterschiede des Meßergebnisses der Bohrung von 50 Lagern.

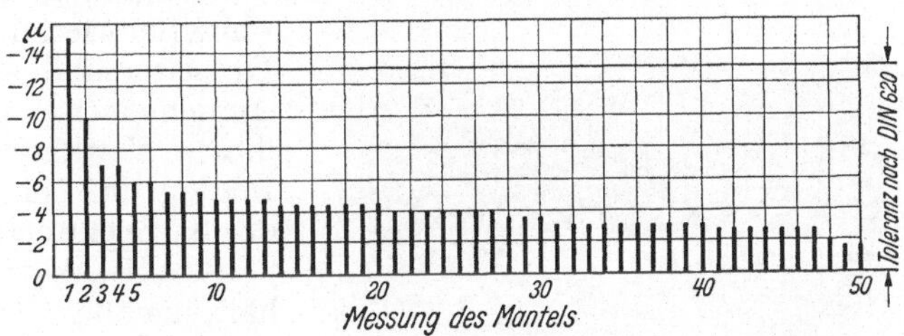


Abb. 16. Unterschiede des Meßergebnisses des Mantels von 50 Lagern.

wenn die genaue Kenntnis des Meßgerätes systematische Fehler bei seiner Benutzung ausschließt.

**2.16 ISA-Grundsätze I, II und III.** Die Schwankung der Toleranz-Grenzwerte ist schematisch in Abb. 14 dargestellt. Wie wichtig die Beachtung der Meßfehler und die Abstimmung der Meßverfahren ist, geht aus einer Untersuchung hervor, die von 4 Firmen bei 50 Lagern nacheinander vorgenommen wurde, um die Meßunsicherheit bei der Prüfung von Kugellagern festzustellen. In den Abb. 15 und 16 sind die größten Unterschiede, die sich bei den Messungen der 4 Firmen ergaben, für jedes Lager aufgetragen. Man sieht, daß die Meßunsicherheit im Vergleich zur Toleranz sehr groß ist. Selbst wenn die Meßverfahren verbessert werden und ganz besondere Sorgfalt bei der Messung aufgewendet wird, muß mit einer nicht unerheblichen Toleranz der „Toleranzen" gerechnet werden.

Für alle Meßmittel gilt daher der im ISA-System aufgestellte Grundsatz I [1]:

*„Damit das wirklich vorhandene Maß eines industriellen Meßmittels zuverlässig innerhalb der in den Normen vorgeschriebenen Grenzen liegt (ohne diese Grenzwerte auszuschalten), muß der Hersteller die mögliche Unsicherheit seiner Messungen berücksichtigen."*

und für die Beziehung der Lehren zu den Werkstückgrenzmaßen der Grundsatz II [1]:

*„Die nominellen Abmaße des ISA-Systems stellen die ideellen Grenzmaße der Werkstücke dar, d. h. die Grenzmaße, zwischen denen sich ihre Abmessungen unter Einschluß der Meßfehler des Herstellers befinden sollen. Sie bilden daher grundsätzlich die Grenzmaße der Fertigung."*

Um die Formfehler zu begrenzen, sollten bei Bohrungen der Durchmesser des kleinsten Hüllkreises und der größte auffindbare Durchmesser, und bei Wellen der Durchmesser des größten Hüllkreises und der kleinste auffindbare Durchmesser festgestellt werden. Dementsprechend lautet im ISA-System der Grundsatz III [1]:

*„Die Lehre soll auf der Gutseite die gesamte Form messen, d. h. alle Durchmesser in allen Achsenschnitten auf einmal. Umgekehrt soll die Ausschußseite die Möglichkeit geben, jeden einzelnen Durchmesser zu prüfen."*

## 2.2 Meßmittel.

**2.21 Feste Lehren.** Die Einhaltung des Grundsatzes III ist mit vollzylindrischen *Grenzlehrdornen* für die Gut- und Ausschußseite, wie sie heute noch in den meisten Ländern verwendet werden, unmöglich. In Deutschland ist auf Empfehlung des ISA-Unterausschusses entschieden worden, daß das Größtmaß nicht mehr mit Lehrdornen geprüft werden soll, sondern je nach der Größe mit Flachlehrdornen oder Kugelendmaßen. Bei sehr kleinen Bohrungen ist das Kugelendmaß unhandlich und ein Flachlehrdorn günstiger. Damit wird man zwar den aufgestellten Bedingungen nicht vollkommen gerecht, man kommt ihnen aber sehr nahe. Es hat sich auch gezeigt, daß mit diesem Verfahren befriedigende Ergebnisse erzielt werden. Bei mittelgroßen Bohrungen kann man aber ohne Schwierigkeit einen Lehrdorn für die Gutseite und ein Kugelendmaß für die Ausschußseite anwenden. Ein Nachteil dieses Verfahrens könnte darin gesehen werden, daß bei unvorsichtiger Handhabung der Kugelendmaße bei dünnwandigen Körpern, z. B. Wälzlagerringen, schon bei verhältnismäßig geringem Druck eine Verformung herbeigeführt werden kann.

Um diesen Nachteil zu vermeiden und beide Lehren, Lehrdorn und Kugelendmaß,

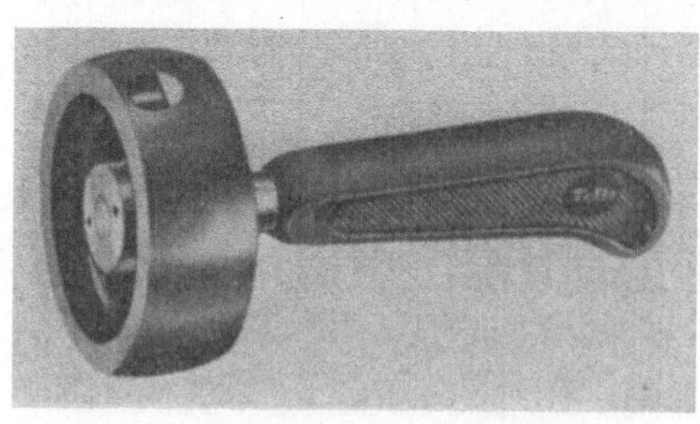
Abb. 17. Tebolehre nach TÖRNBOHM.

in einer Lehre zu vereinen, wurde die *Tebolehre* (Abb. 17) entwickelt.[2] Der Prüfkörper der Tebolehre besteht aus einer Kugelzone (Abb. 18), deren Durchmesser

---

[1] Siehe KIENZLE: Feste Lehren im ISA-System. Werkst.-Techn. 1936. Heft 23.
[2] Von Dr. TÖRNEBOHM, Göteborg.

gleich dem Kleinstmaß der Bohrung ist. Er ist ohne Zwang in jede Bohrung mit größerem Durchmesser einzuführen und verhindert, wegen der innigen Schmiegung auf einem großen Teil des Umfanges, eine Verformung. Auf der Kugelfläche befindet sich in der Nähe der äußeren Kante ein erhabenes Stück in der Form einer Kugelkalotte. Die Entfernung zwischen dem höchsten Punkt der Kalotte und der gegenüberliegenden Stelle des Prüfkörpers, $2r + t$, ist gleich dem zulässigen Größtmaß der Bohrung. Der Unterschied zwischen Größt- und Kleinstmaß, also die Höhe der Kugelkalotte ($t$), entspricht der Toleranz. Die Abb. 19a···d zeigen den Gebrauch der Lehre. Die Tebolehre wird mit nach vorn geneigter Kalotte in die Bohrung geschoben (Abb. 19a). Mit dem unbehinderten Einführen ist die Bedingung für die untere Grenze erfüllt. Läßt sich die Lehre nicht einführen (Abb. 19b), dann ist das Kleinstmaß noch nicht erreicht. Das Größtmaß wird dadurch geprüft, daß man die Lehre schwenkt. Stößt diese Bewegung auf Widerstand, so ist die Bohrung gutzuheißen (Abb. 19c). Bei hemmungslosem Durchschwenken ist die Bohrung zu groß (Abb. 19d). In dieser Art wird die Bohrung am ganzen Umfang und über die Breite abgetastet. Ein anderer beachtlicher Vorteil der Lehre besteht darin, daß die Winkellage ein Maß für die Lage der Bohrung innerhalb

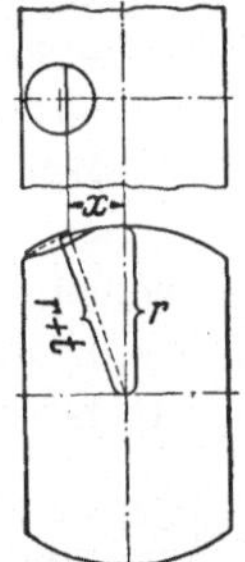

Abb. 18. Darstellung der Gutseite und Ausschußseite bei der Tebolehre.

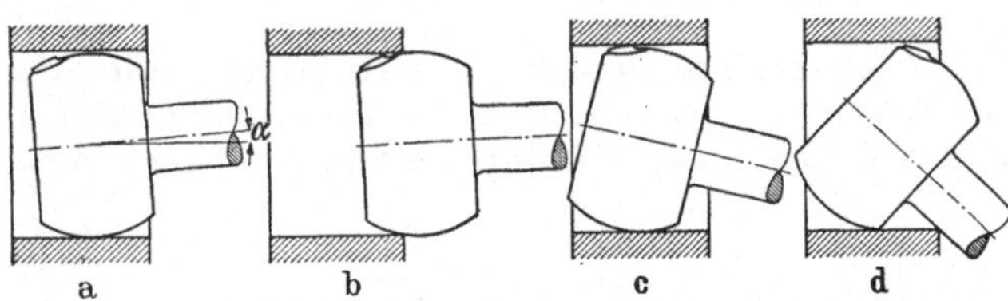

Abb. 19. Das Messen mit der Tebolehre.

des Toleranzfeldes ist. Eine Bohrung mit einem Ansatz kann nicht über die ganze Zylinderlänge gemessen werden. Bei einer Bohrung von 50 mm Durchmesser lassen sich 12,5 mm nicht prüfen, bei 100 mm Durchmesser fallen etwa 20 mm aus. Entscheidend ist jedoch, daß $^4/_5$ der Länge auf genaue Zylinderform untersucht werden können. Für lange Bohrungen wird der Prüfkörper mit einem Verlängerungsstück versehen. Mit Hilfe einer Stange und einer Hebelübersetzung kann der Prüfkörper nach dem Einführen an jeder beliebigen Stelle in einfacher,

Abb. 20. Tebolehre mit Verlängerungsstück.

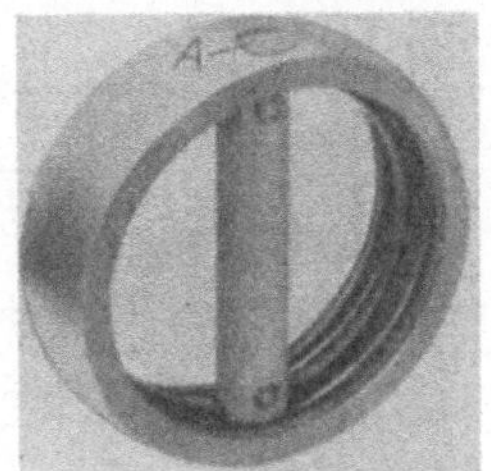

Abb. 21. Tebolehre für große Bohrungen.

bequemer Weise geschwenkt werden (Abb. 20). Für große Bohrungen wird eine Ausführung entsprechend Abb. 21 geliefert. Bei der Prüfung des Größtmaßes verhindert der kugelige Prüfkörper der Gutseite eine unzulässige Verformung des Prüfstückes.

Die Tebolehre stellt daher in der Vereinigung der Kontrolle des einbeschriebenen Kreises und des größten Durchmessers eine geradezu ideale Lösung dar.

2*

Für ganz große Bohrungen sind Lehrdorne, die das Messen des einbeschriebenen Kreises erlauben, zu unförmig. Es werden daher als Gut- und Ausschußlehren Kugelendmaße benutzt, deren Handhabung außerordentlich schwierig ist. Um bessere Meßergebnisse zu erzielen, wurde ein Kugelendmaß entsprechend Abb. 22 konstruiert. Die Endstücke der Gutlehre sind pilzartig ausgebildet und so groß, daß verhältnismäßig lange Bogen des einbeschriebenen Kreises erfaßt werden (Abb. 22a). Die Ausschußlehre ist an dem einen Ende mit einem großen und an dem anderen Ende mit einem kleinen Endstück versehen (Abb. 22b). Das erstere ermöglicht ein leichtes Zentrieren der Lehre, wenn der Berührungswinkel mindestens 4° beträgt. Das kleine Endstück erlaubt die Prüfung des größten Durchmessers.

Abb. 22. Kugelendmaß nach Törnebohm.
a pilzartige Meßkörper an beiden Enden (Gutseite); b pilzartiger Meßkörper an einem Ende (Ausschußseite).

Für noch größere Bohrungen wird grundsätzlich die gleiche Anordnung vorgesehen (Abb. 23). Zum Prüfen des Kleinstmaßes dienen zwei breite, in der Mitte ausgesparte Endstücke, die durch ein in der Länge veränderliches Rohrstück ver-

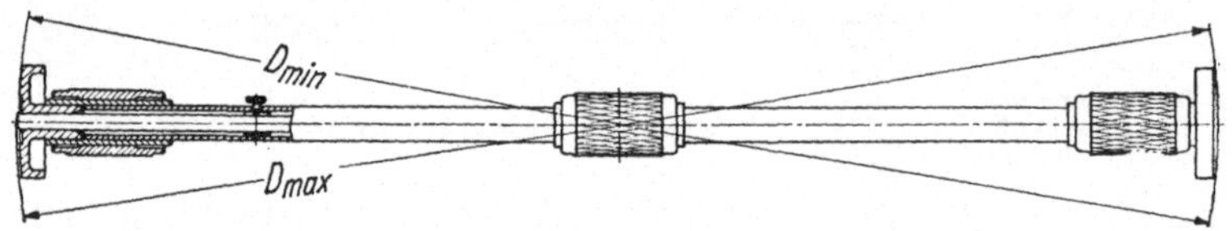


Abb. 23. Kugelendmaß nach Törnebohm für ganz große Bohrungen.

bunden sind. Als Ausschußlehre wird ein Kugelendmaß benutzt, das in das rohrartige Verbindungsstück paßt, so daß auf der einen Seite wieder eine breite Auflage vorhanden ist. Auf dem anderen Ende gestattet die Kuppe des unten aufstehenden Stabes das Prüfen des Größtmaßes.

Je nach dem Durchmesser ergeben sich somit folgende Meßgeräte für die Bohrung:

| Nennmaßbereich mm | Gutseite | | | Ausschußseite |
|---|---|---|---|---|
| | DIN 7162 | | | DIN 7162 |
| ... 18 | Lehrdorn | | | Lehrdorn oder Meßkörper mit verminderter Berührungsfläche |
| über 18...100 | | Tebolehre Abb. 17 | Tebolehre Abb. 17 | |
| „ 100...180 | Flachlehrdorn | | | |
| „ 180...250 | | Abb. 21 | Abb. 21 | |
| „ 250...315 | Kugelendmaß | Kugelendmaß Abb. 22 | Kugelendmaß Abb. 22 | Kugelendmaß oder ähnliche Meßmittel. |
| „ 315...500 | | | | |
| „ 500...630 | | | | |
| „ 630 | | Abb. 23 | Abb. 23 | |

Bei den bisher üblichen *Rachenlehren* liegen die Verhältnisse ähnlich. Sie erlauben nicht die Prüfung des umbeschriebenen Kreises. Hinzu kommt, daß die Federung verhältnismäßig groß ist, vor allen Dingen, wenn leichte Lehren benutzt werden. Dadurch werden die mit großen Kosten erzielte Parallelität der Prüfflächen und die Prüfgenauigkeit beeinträchtigt. Für die Prüfung des Hüllzylinders wäre nach Grundsatz III eine ringförmige Lehre am besten geignet, deren Bohrung das Größtmaß aufweist und deren Länge mit der zu messenden Fläche übereinstimmt. Ein solcher Lehrring ist aber schlecht zu handhaben und daher nur bei kleinen, dünnwandigen Hülsen üblich. Man sollte auch als Gutseite für Rachenlehren möglichst breite Prüfflächen verwenden, um sich so dem idealen Zustand anzupassen. Als Ausschußlehre müßte eine Lehre mit zwei auf das Kleinstmaß eingestellten Spitzen verwendet werden. Eine derartige Lehre ist aber nicht leicht zu handhaben[1].

Aus diesen Überlegungen heraus wurde von Dr. TÖRNEBOHM eine neue Rachenlehre konstruiert, die in Abb. 24 dargestellt ist. Der Prüfkörper der einen Seite ist eben. Er dient gewissermaßen als Meßtisch. Der Prüfkörper auf der anderen Seite besitzt einen in Achsrichtung liegenden Halbzylinder von der Breite der Prüffläche, und zwei kugelige Warzen für die Gutseite und Ausschußseite. Die Lehre befolgt also den Grundsatz: *Für die Gutseite breite Berührung, für die Ausschußseite schmale Berührung.* Die Federung wird unschädlich, weil nicht zwischen zwei ebenen Flächen sondern zwischen einer Fläche und einer Mantellinie des Halbzylinders geprüft wird. Außerdem werden Abweichungen von der zylindrischen Form leicht fühlbar. Die Verbindung zwischen beiden Armen verleiht der Lehre eine große Steifheit und erlaubt ein leichtes Einstellen. Der Einfluß der Erwärmung des Handgriffes wirkt sich nicht erweiternd, sondern verengend aus.

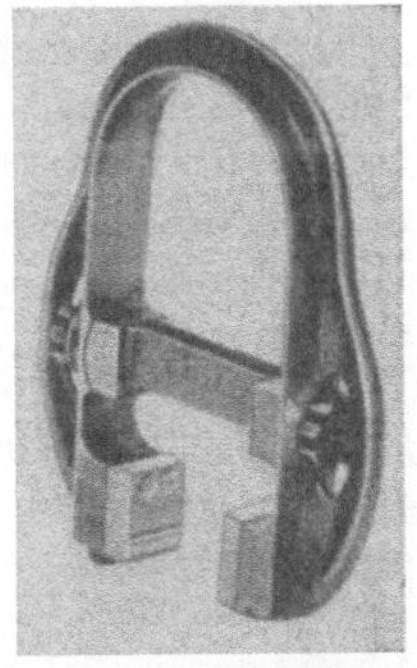

Abb. 24. Rachenlehre nach TÖRNEBOHM.

**2.22 Schraublehren.** Die Schraublehren für Bohrung und Mantel erlauben die Bestimmung des kleinsten und größten Durchmessers und geben damit die Möglichkeit, die Formfehler zahlenmäßig festzustellen. Ihr eigener Fehler ist verhältnismäßig klein. Ihre Handhabung ist jedoch schwierig, so daß mit großen persönlichen Fehlern gerechnet werden muß. Sie werden daher in der Werkstatt nur dann benutzt, wenn sich die Anfertigung fester Lehren nicht lohnt. Ihre Verwendung ist auch bei der Abnahme oder Montage wegen ihres großen Meßbereiches zweckmäßig. Die Federung dieser Lehren ist ähnlich groß wie die von Rachenlehren. Man kann aber nach vorheriger Einstellung mit einem Endmaß das tatsächliche Abmaß eines Bohrungs- oder Manteldurchmessers ermitteln.

**2.23 Zeigergeräte.** Bei den Zeigergeräten wird der Fehler des Meßstückes durch Getriebe, Hebel oder auf optischem Wege übersetzt. Bei der Verwendung dieser Meßmittel ist man nicht mehr auf das Gefühl des Messenden und die durch ihn erzeugte Meßkraft angewiesen. Der persönliche Einfluß wird nahezu ausgeschaltet. Zwingend wird der Gebrauch solcher Geräte, wenn die Meßstelle für eine feste Lehre nicht zugänglich ist oder ein fortlaufendes Meßbild verlangt wird, das immer dann von Wert ist, wenn die Arbeitsgenauigkeit von Werkzeugmaschinen oder die Oberflächenform von Werkstücken zu untersuchen ist. Auch die Fühlhebelgeräte sind Vergleichsinstrumente, die mit Grundmaßen eingestellt werden müssen.

---

[1] Siehe auch KIENZLE: Feste Lehren im ISA-System. Werkst.-Techn. u. Werksl. 1936, Heft 23, S. 509.

# 3 Ein- und Ausbau der Wälzlager.

## 3.1 Vorbereitende Arbeiten.

Vor dem Einbau der Wälzlager muß der Monteur über die Gedanken, die der Lagerung zugrunde liegen, aufgeklärt werden. Besonders wichtig ist die Erläuterung über den Zusammenbau, wie ihn der *Konstrukteur* geplant und vorbereitet hat, da die Ausbildung der einzelnen Teile eine bestimmte Handhabung und Reihenfolge bedingt. Dabei ist eine sorgfältige Prüfung aller Toleranzen erforderlich in bezug auf ihren Einfluß beim Zusammenbau und ihre Bedeutung für die vorgesehene Passung. Selbst wenn der Konstrukteur versucht hat, die bildliche Darstellung in allen Einzelheiten auszuführen, kann auf eine verständnisvolle Mitarbeit bei der Montage nicht verzichtet werden. Man muß immer mit Irrtümern und Fehlern rechnen sowohl in der Zeichnung als auch bei der Herstellung und beim Versand der Teile. Der Austausch der Erfahrungen trägt dazu bei, daß das gewünschte Ziel des einwandfreien Arbeitens der Maschine mit geringsten Unkosten und größter Sicherheit ohne unangenehme Zwischenfälle erreicht wird.

Der Zusammenbau sollte nicht in der Nähe von *Arbeitsplätzen* erfolgen, an denen gefeilt, gebohrt oder gefräst wird, da sonst die Gefahr besteht, daß Späne oder andere Fremdkörper in die Lager gelangen. Leider wird die Bedeutung dieser Maßnahme viel zu wenig beachtet; man kann sogar beobachten, daß in unmittelbarer Nähe andere Teile mit Druckluft gereinigt werden. Eine Verschmutzung der Lager ist dann nicht zu vermeiden, vor allen Dingen, wenn die Lager unverpackt auf den Werkplätzen liegen. Es kann durchaus möglich sein, daß der Lauf des Lagers durch außen am Fett hängende Fremdkörper zunächst nicht gestört wird. Im späteren Betrieb wandern sie jedoch allmählich in das Lagerinnere und führen entweder zu einer weitgehenden Zerstörung oder zu einer Beschädigung der Rollbahn in Form mehr oder weniger großer Eindrücke. Es ist deshalb dringend erforderlich, daß die Montage der Wälzlager, wenn schon kein getrennter Raum zur Verfügung steht, mindestens an einer von den anderen Arbeitsplätzen genügend entfernt liegenden Stelle vorgenommen wird.

Ebenso wichtig ist es, daß der Raum keinen krassen Witterungseinflüssen ausgesetzt ist. Selbst in Wälzlagerfabriken treten ab und zu Schwierigkeiten durch Temperaturschwankungen auf. Die Lager sind gegen Feuchtigkeit sehr empfindlich, vor allen Dingen nach dem Auswaschen in Benzin. Aber auch im eingefetteten Zustande ist die Rostgefahr noch groß, weil das Fett oder ein anderes Schutzmittel nicht mit Sicherheit die Oberfläche aller Teile genügend bedeckt.

Die nochmalige *Reinigung* der Lager vor dem Einbau ist nur zu empfehlen, wenn einwandfreie Waschvorrichtungen zur Verfügung stehen. Am günstigsten ist es, die Lager dabei auf einen Dorn zu setzen und die Reinigungsflüssigkeit, Benzin, säurefreies Petroleum oder Trichloräthylen, unter Druck in das sich drehende Lager zu spritzen. Es muß aber eine sicher wirkende Filtrierung eingebaut werden, da sonst der Zustand eher verschlechtert als gebessert wird. Derartige Wascheinrichtungen sind im Handel erhältlich; sie können aber auch leicht angefertigt und den jeweiligen Betriebsverhältnissen angepaßt werden. Die Wälzlagerfirmen dürften bereit sein, ihre eigenen Erfahrungen zur Verfügung zu stellen, da sie ein Interesse daran haben, irgendwelche Einflüsse fernzuhalten, die die Gebrauchsdauer der Lager beeinträchtigen. Nach dem Reinigen müssen die Lager sofort wieder gut eingeölt werden.

Vor dem Zusammenbau sollten sämtliche Zubehörteile gründlich gereinigt und entgratet werden. Im Betrieb lösen sich die feinen Splitter und Sandkörner, wandern in das Lager und werden überwalzt. Die Oberflächenbeschaffenheit kann

dadurch derart verschlechtert werden, daß die Tragfähigkeit sinkt. Schmiernuten, vor allen Dingen aber Schmierlöcher, die mit Gewinde versehen sind,
müssen besonders gut gesäubert werden. Auch unbearbeitete Stellen des Gehäuses sollten sorgfältig von Formsand oder anderen lösbaren, harten Teilen befreit werden.

Für die Reinigung der Gehäusekörper und der anderen Zubehörteile sind selbsttätig arbeitende Reinigungsanlagen zu empfehlen, wenn laufend eine größere Anzahl von Lagern eingebaut werden muß. Um ein nachträgliches Lösen von Fremdkörpern zu vermeiden, hat sich das „BULLARD-DUNN-Verfahren" gut bewährt. Es
handelt sich dabei um einen elektrolytischen Reinigungsprozeß, bei welchem durch
Bildung von Wasserstoffgas zwischen dem zu reinigenden Körper und den auf ihm
haftenden Verunreinigungen, wie Rost, Zunder, Oxyd usw., diese Fremdteile mechanisch abgesprengt werden. Sobald der Grundwerkstoff freigelegt ist, wird sofort
eine schützende, mikroskopisch dünne Metallschutzschicht (Blei oder Zinn) niedergeschlagen, die sich dicht und fest mit der Unterlage verbindet und sie gegen jede
weitere Beizwirkung schützt. Es hat sich auch als zweckmäßig erwiesen, die unbearbeiteten Gehäuseflächen nach der Reinigung mit einem in Fett oder Öl nicht
löslichen Metallack zu überziehen.

Es ist erforderlich, daß sämtliche Teile vor dem Zusammenbau durch eine vom
Fertigungsbetrieb unabhängige Stelle auf ihre Maßhaltigkeit, Oberflächengüte und
Formgenauigkeit *geprüft* werden. Wenn keine Sicherheit für fehlerfreie Stücke gegeben ist, muß bei der Montage eine Prüfung durchgeführt werden. Diese Maßnahme mag als Zeitvergeudung angesehen werden, wenn schon andere Stellen die
Aufgabe hatten, die einwandfreie Ausführung zu begutachten. Es zeigt sich jedoch
immer wieder, daß selbst bei gut geleiteten Unternehmen Fehler unterlaufen. Abgesehen davon, daß unangenehme Kosten entstehen, wenn nach weit fortgeschrittenem Zusammenbau einzelne Teile wieder „herausgerissen" werden müssen, besteht
auch die Gefahr, daß das Arbeiten der Maschine in Frage gestellt ist. Die Ursache
des Versagens kann dann erst nach langen Untersuchungen erkannt werden. Meistens läßt man sich zu Mutmaßungen verleiten, die leicht zu einem abwegigen
Urteil über die Bewährung des betreffenden Maschinenteiles oder der Maschine
führen. Bestehen aber über die maßgerechte Ausführung sämtlicher Teile und den
einwandfreien Zusammenbau keine Zweifel, dann ist ein Fehler mit viel größerer
Wahrscheinlichkeit zu finden. Wenn in dringenden Fällen Teile zum Einbau kommen, die den Vorschriften nicht vollkommen entsprechen, so sollte dies wenigstens
aus dem Montagebericht zu ersehen sein.

Werden die Lager vor dem Einbau kontrolliert und zu diesem Zweck ausgewaschen, dann ist dafür zu sorgen, daß Rostbildung nach Möglichkeit vermieden
wird. Besonders gefährlich ist *Handschweiß*, der auch bei eingeölten Lagern Rostspuren hervorrufen kann. Diese Erscheinung ist besonders gefährlich, weil ihre
Wirkung zu spät erkannt wird. Der Lagerhersteller ist daher gezwungen, alle Arbeiter, die nach dem Zusammenbau mit der Kontrolle oder Verpackung zu tun
haben, daraufhin untersuchen zu lassen. Handschweiß kann durch Waschen in
einer Formalinlösung (20 ccm Formalin auf 1 l Wasser) oder in einer Lösung von
Kesselsoda neutralisiert werden. Hinterher sind die Hände leicht mit Knochenöl
einzureiben. Rostbildung läßt sich auch dann vermeiden, wenn die Lager unmittelbar nach der Kontrolle in eine kochende „Muzin-Lösung" eingetaucht und genügend lange erwärmt werden. Nach dieser Behandlung sollen die Lager gut abtropfen und in Petroleum gewaschen werden. Das Waschpetroleum darf höchstens
0,01% freie Ölsäure enthalten. Es muß ein spezifisches Gewicht von 0,8, einen
Flammpunkt über 50° C und Siedegrenzen von 150°···300° haben.

Nachdem auch das Waschpetroleum gut abgetropft ist, werden die Lager in $100°\cdots110°$ heiße, dünnflüssige Naturvaseline getaucht, die folgende Beschaffenheit aufweisen muß: Tropfpunkt $35°\cdots45°$ C, Ölsäuregehalt unter 0,03%, Chlorgehalt unter 0,01%, Flammpunkt über 180°, Aschegehalt unter 0,01%.

Die Lager müssen so lange in der geschmolzenen Vaseline liegen, bis sie die Temperatur derselben ungefähr angenommen haben und jegliche Schaumbildung der Vaseline aufgehört hat. Die überflüssige Vaseline läßt man wiederum abtropfen und wickelt die Lager dann in chlorfreies, paraffiniertes Papier ein, das ein Gewicht von $40\cdots42$ g/m² hat und so fest ist, daß es beim Packen nicht reißt. Anstatt der Vaselinefettung kann auch Öl verwendet werden. Dieses muß aber dickflüssig und säurefrei sein und gut haften.

## 3.2 Arbeiten beim Ein- und Ausbauen.

Es ist schwer, allgemeingültige Richtlinien für die Montage der Wälzlager aufzustellen. Die Fälle liegen so verschieden, daß es zweckmäßig ist, an einer Anzahl von Beispielen die Reihenfolge des Zusammenbaues und die Bedeutung der jeweiligen Maßnahmen und Handgriffe zu erklären, damit sowohl dem Konstrukteur bei der Gestaltung der Lagerstellen als auch dem Monteur beim Zusammenfügen der Teile Hinweise gegeben werden, die für ähnliche Fälle Anwendung finden können. Aus diesem Grunde wurden solche Beispiele ausgewählt, die als grundsätzlich wichtig angesehen werden können.

Die Beschreibung der einzelnen Fälle bezieht sich vorwiegend auf die Tätigkeit beim Zusammenbau. Der Einfachheit halber wird gleichzeitig auf die Maßnahmen hingewiesen, die für den Ausbau notwendig sind. Es wird vorausgesetzt, daß sämtliche Teile den Vorschriften entsprechen.

**3.21 Ein- und Ausbauen von selbsthaltenden**[1] **Ringlagern mit zylindrischer Bohrung und Festsitz der Innenringe.** Abb. 25 stellt die Lagerung einer *Trennkreissäge*

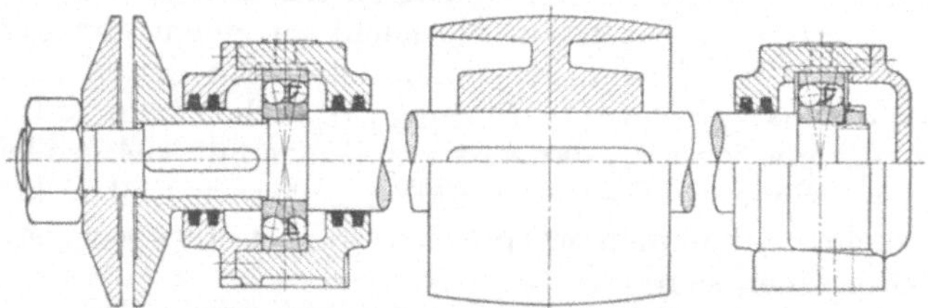

dar mit Pendellagern in einteiligen Gehäusen. Für die Innenringe wurde die Passung $k_5$, für die Außenringe $J_7$ gewählt. Der Zusammenbau kann wie folgt vorgenommen werden:

Abb. 25. Lagerung einer Trennkreissäge.

Wenn laufend die gleichen Teile montiert werden, ist es zweckmäßig, ein Gestell zu verwenden, in dem die Welle festgehalten wird. Zunächst muß die in warmem Öl getränkte Filzdichtung in die Nuten gelegt werden. Der Filz kann entweder aus einteiligen Ringen bestehen oder aus Streifen, die genau auf Länge schräg geschnitten werden, so daß sie dicht schließen. Sie müssen die Nute gut ausfüllen und die richtige Größe besitzen, damit sie weder zu stramm noch zu lose auf der Welle liegen. Zu enge Filzringe können eine derartig große Reibung erzeugen, daß eine unzulässig hohe Temperatur entsteht und ein Verschleiß der Welle

---

[1] Unter selbsthaltenden Ringlagern sind solche Wälzlager zu verstehen, bei denen im nicht eingebauten Zustand die Rollbahnringe in ihrer axialen Lage durch die Rollkörper begrenzt sind. Also: z. B. Pendellager, Rillenlager, einreihige und zweireihige Tonnenlager.
  Unter nicht selbsthaltenden Ringlagern sind solche Wälzlager zu verstehen, bei denen im nicht eingebauten Zustand ein Rollbahnring axial beliebig weit verschoben werden kann. Also: z. B. Schulterlager, Zylinderlager, Nadellager, Kegellager, s. auch DIN 611 und 612.

herbeigeführt wird. Filzringe, die die Nut nicht vollkommen ausfüllen, weiten sich zu stark und erzielen keine genügende Dichtung.

Die beiden Gehäuse werden dann über die Welle geschoben. Hierbei ist darauf zu achten, daß der Filz nicht an der Kante des Wellenabsatzes hängen bleibt und beschädigt wird. Es ist deshalb zweckmäßig, diese Kante zu brechen oder, wenn die Schulterhöhe ausreicht, einen schwach kegeligen Übergang zu dem dickeren Teil vorzusehen. Es ist nicht richtig, die Gehäuse mit Gewalt hinüberzudrücken, wenn der Filzring an der Kante des Wellenbundes festsitzen sollte. Durch langsames Drehen der Gehäuse bei gleichzeitigem, geringem Druck wird es in den meisten Fällen möglich sein, den Filzring allmählich auf seine Sitzfläche zu schrauben. Um die Lager bequem montieren zu können, ist es zweckmäßig, die Gehäuse zunächst über die Sitzfläche hinauszuschieben.

Die Lager werden auf etwa 70° erwärmt. Hierbei dehnen sich die Rollbahnringe mehr, als der Unterschied der Bohrung gegenüber der Welle beträgt. Da das größtmögliche Übermaß in diesem Falle bei der Passung $k_5$ und einem Wellendurchmesser von 50 mm 0,025 mm ausmacht, entspricht dies einer Temperaturerhöhung von 45,5°, bei einer Wärmedehnungszahl von 0,000011. Bei einer Temperatursteigerung von 50° entsteht noch ein Spiel von 0,0025 mm. Dieser Unterschied ermöglicht es, das Lager von Hand leicht zu verschieben. In Abb. 26 ist die Erweiterung von Bohrungen in Abhängigkeit von der Übertemperatur angegeben und als Vergleich das größte Übermaß

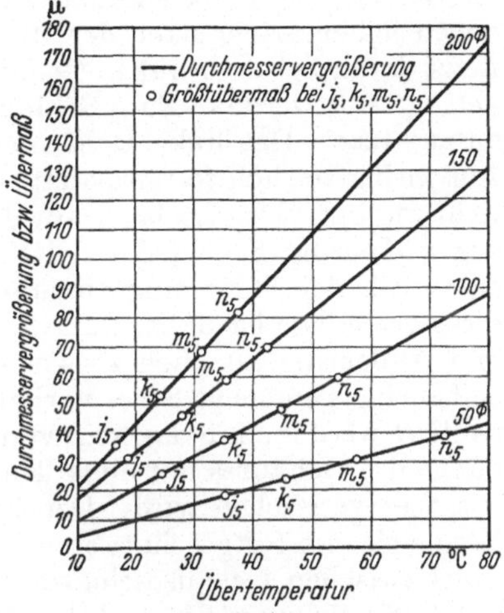

Abb. 26. Erforderliche Übertemperatur beim Aufziehen von Innenringen.

bei der Passung $j_5$, $k_5$, $m_5$ und $n_5$ aufgeführt. Eine Temperatur von 100° ist unbedenklich zulässig, da ein merkbares Nachlassen der Härte erst von etwa 150° an eintreten kann.

Es ist darauf zu achten, daß der Ring genau zentrisch verschoben wird, damit er sich nicht festsetzen kann. Sollte dies doch geschehen, dann müssen sofort

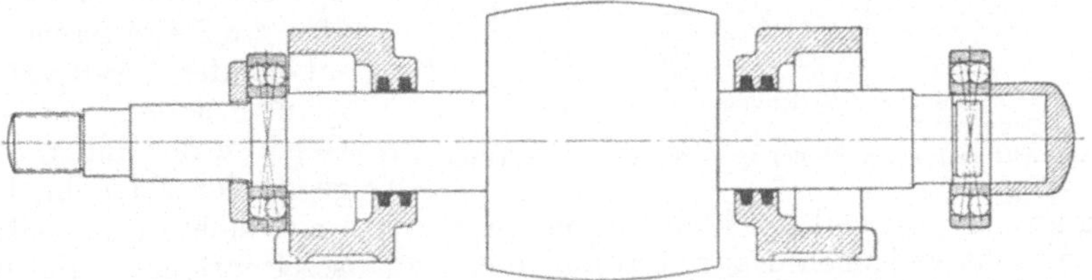

Abb. 27. Aufpressen der Innenringe und Aufsetzen der Gehäuse.

passende Hülsen zur Verfügung stehen (Abb. 27), um den Ring durch Schläge weiterzutreiben zu können. Um eine gute Anlage an der Wellenschulter zu erzielen, sollte der Ring nach dem Aufsetzen durch eine Hülse oder durch die Mutter seitlich festgespannt werden. Beim Erkalten schrumpft der Ring nicht nur in radialer Richtung, sondern auch in der Breite, so daß ein Luftspalt zwischen Ring und Schulter entstehen kann. Es ist notwendig, das Lager wieder abkühlen zu lassen, bevor das Gehäuse über den Außenring geschoben wird. Die Pendellager-Rollbahnringe schwenken unter ungleichmäßigem Druck aus. In diesem Zustand kann das Gehäuse nur mit Gewalt verschoben werden. Deshalb ist es zweckmäßig, die Schiefstellung des Außenringes durch eine Scheibe zu verhindern, die auf einer Seitenfläche des Außen- und Innenringes aufliegt (Abb. 27). Diese Maßnahme sollte bei Pendellagern immer zur Anwendung kommen, weil ein zu hoher Druck auf den schiefstehenden Ring leicht die Veranlassung zur Beschädigung der Rollbahn sein kann. Das Zurückschwenken des Rollbahnringes darf nicht durch einseitigen Druck im Stillstand erfolgen, sondern nur bei gleichzeitigem Drehen des einen oder anderen Rollbahnringes.

Bei ausgeschwenkten Außenringen werden die Lager eingefettet. Auch der Raum neben jedem Lager nach der Riemenscheibe zu wird zur Hälfte mit Fett gefüllt. Jetzt kann bei dem linken Gehäuse der mit Fett versehene Deckel eingesetzt und verschraubt werden. Zum Schluß ist der eine Befestigungsflansch des Sägeblattes aufzusetzen. Das linke Gehäuse ist als Festlager ausgebildet, bei dem auch der Außenring seitlich festgespannt wird oder nur ein ganz geringes Spiel in Längsrichtung hat. Das Loslager auf der rechten Seite muß so angeordnet werden, daß der Außenring nach jeder Seite eine genügende, der möglichen Wärmedehnung entsprechende Bewegung ausführen kann. Beim Verschrauben der Gehäuse auf ihrer Unterlage ist daher darauf zu achten, daß sowohl zwischen Gehäuseschulter und Außenring als auch zwischen der Seitenfläche des Deckelansatzes und dem Außenring genügend Spiel vorhanden ist. Die richtige Lage kann dadurch kontrolliert werden, daß das Maß von der Seitenfläche des Außenringes bis zur Seitenfläche des Gehäuses mit einer Tiefenlehre gemessen und mit der Höhe des Deckelansatzes verglichen wird. Der Unterschied ergibt die Lage des Außenringes im Vergleich zum festgeschraubten Deckel und läßt auch einen Rückschluß zu auf das Spiel zwischen Gehäuseschulter und Außenring, wenn dieses Maß und die Breite des Außenringes auf Grund der Zeichnung oder der vorhergehenden Nachmessung bekannt ist. Nach dem Abkühlen des Innenringes muß die Mutter nochmals nachgezogen und der Lappen des Sicherungsbleches in eine Nut gedrückt werden. Zum Schluß wird der teilweise mit Fett gefüllte Deckel befestigt.

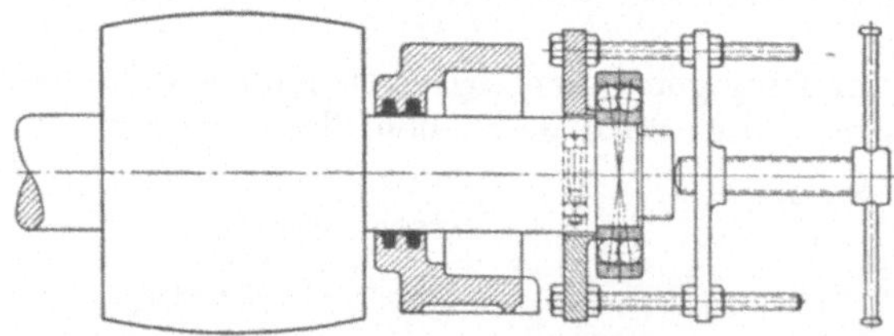

Abb. 28. Abziehen eines Pendellagers mit einer Vorrichtung.

Bei Fettschmierung genügt im allgemeinen ein festes Anziehen der Deckelflanschschrauben, um ein Austreten von Fett zu verhindern. Wenn aber die Seitenflächen des Ansatzes den Außenring festspannen sollen, wie es bei dem Gehäuse der linken Seite entgegen der tatsächlichen Ausführung gezeigt ist, weil das kleine Spiel von etwa 0,1 mm nicht dargestellt werden kann, entsteht zwischen Deckelflansch und Gehäuseseitenfläche ein Spiel, das durch eine elastische Packung ausgefüllt werden muß. Bei fest anliegenden Flanschen kann es in einzelnen Fällen empfehlenswert sein, Scheiben aus dickem Papier als Dichtung zu verwenden.

Die Lager können auf beiden Seiten in ähnlicher Weise ausgebaut werden. Nachdem die Fußschrauben entfernt wurden, und die Welle neben der Riemenscheibe unterstützt ist, sind die Sägeblattflansche zu entfernen. Deckel und Achsmutter werden nach dem Aufrichten des Sicherungslappens gelöst. Die Gehäuse werden so weit zur Seite geschoben, bis die Innenringe frei liegen. Jetzt kann die Abziehvorrichtung Abb. 28 angesetzt werden. Sie wird unmittelbar neben dem Innenring um die Welle gelegt und verschraubt. Durch Drehen der Spindel ist der Innenring allmählich von seinem Sitz zu ziehen. In der gleichen Weise wird das Lager auf der anderen Seite ausgebaut.

Bei Gehäusen mit einem außen zugänglichen Abstandsring entsprechend Abb. 29 kann der Innenring durch Schläge auf die Seitenfläche dieses Ringes abgedrückt werden. Unter keinen Umständen darf auf das Gehäuse geschlagen werden, weil dann die Kugeln mit großer Wahrscheinlichkeit Eindrücke in den Rollbahnen hinterlassen. Wenn eine Abziehvorrichtung, wie in Abb. 28 gezeigt, nicht zur Verfügung steht, dann sollte wenigstens eine Vorrichtung entsprechend Abb. 30 be-

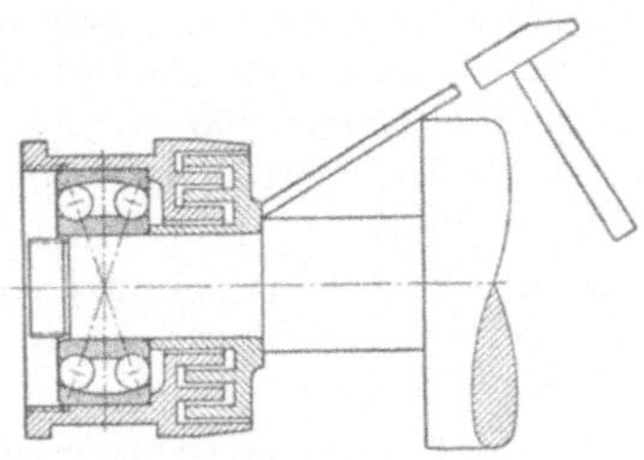

Abb. 29. Ausbau eines Pendellagers durch Schläge auf den Labyrinthring.

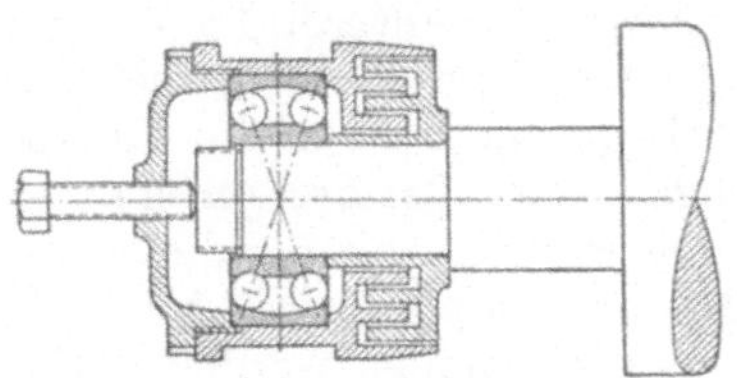

Abb. 30. Ausbau eines Pendellagers mit Gehäuse durch Druckschraube im Deckel.

nutzt werden. Weil der lose Sitz der Außenringe eine leichte Bewegung in Achsrichtung gestattet, können die Lager von Hand aus den Gehäusen gedrückt werden.

Die *Vertikalfräse* (Abb. 31) bedingt wegen der hohen Drehzahl und der möglichen Unwucht der Spindel einen verhältnismäßig festen Sitz beider Rollbahnringe. Mit Rücksicht auf die notwendige Verschiebungsmöglichkeit eines Rollbahnringes muß die Passung $J_6$ gewählt werden. Die Innenringe erhalten eine Passung $k_5$. Beim Einbauen ist folgendermaßen vorzugehen:

Zunächst wird der im oberen Gehäuse sitzende Öltopf und der auf der Welle befestigte Schleuderring über den Zapfen geschoben. Hierauf ist das obere Lager in angewärmtem Zustande auf seinen Sitz zu bringen. Es ist aber auch möglich, dieses Lager kalt aufzupressen, da ein sehr langes Gewinde zur Verfügung steht. Zwischen Mutter und Innenring wird jetzt eine ebene Scheibe (Abb. 32) gespannt, die auch

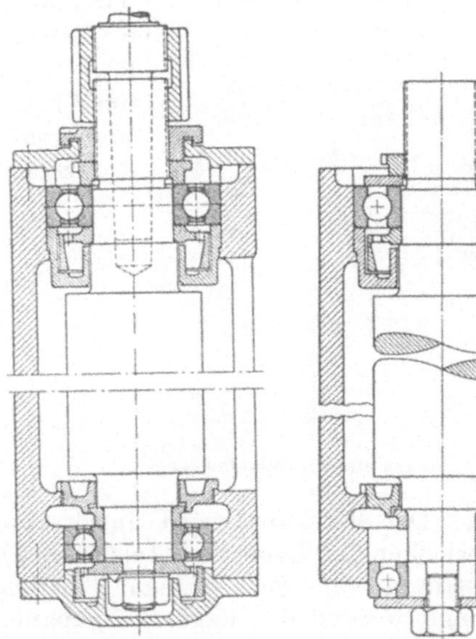

Abb. 31. Lagerung einer senkrechten Frässpindel.

Abb. 32. Montage des unteren Lagers.

den Außenring abstützt. Nach genügendem Erkalten des Lagers kann die Spindel von oben in das Gehäuse gedrückt werden. Dabei müßte der Druck zum Verschieben des Außenringes über die Kugeln gehen, wenn nicht beide Ringe abgestützt wären. Die Spindel hat ihre richtige Lage erreicht, sobald der Öltopf des oberen Lagers mit seinem Ansatz an der Gehäuseschulter liegt. In der Grenzlage darf kein zusätzlicher großer Druck ausgeübt werden, da das Lager beschädigt werden könnte. Dann wird das untere Lager in kaltem Zustande über den Zapfen geschoben und dabei auch durch eine besondere Hilfsscheibe (Abb. 32) abgestützt. Jetzt werden die beiden Hilfsscheiben entfernt und oben durch die Mutter und unten durch den Schleuderring mit Mutter und Sicherungsblech ersetzt. Dann kann der mit Öl gefüllte und mit einer Dichtungsscheibe versehene untere Deckel fest verschraubt werden. Das obere Lager ist mit der Ölmenge zu füllen, die vorher als zulässig ausprobiert wurde, und durch den Deckel zu verschließen.

Der Ausbau geht in umgekehrter Reihenfolge vor sich. Die Deckel und Muttern an der oberen und unteren Lagerstelle werden gelöst und der untere Schleuderring durch die schon bei der Montage benutzte Stützscheibe ersetzt. Für das obere Lager läßt sich keine Stützscheibe beim Ausbau verwenden. Nachdem der Gewindedeckel des unteren Lagers so weit wie möglich zurückgeschraubt ist, wird die Spindel herausgedrückt, wobei der Deckel nach Bedarf weiter zu lösen ist. Das obere Lager muß über die Kugeln abgedrückt werden, weil der Innenring nicht zugänglich ist. Bei der unteren Lagerstelle kann der Innenring durch eine Vorrichtung ähnlich Abb. 53, die auf den Gewindedeckel faßt, abgezogen werden.

Bei dem *Kranlaufrad* (Abb. 33) muß der Ein- und Ausbau der Lager in ähnlicher Weise vorgenommen werden. Hier bedingen die Betriebsverhältnisse infolge des

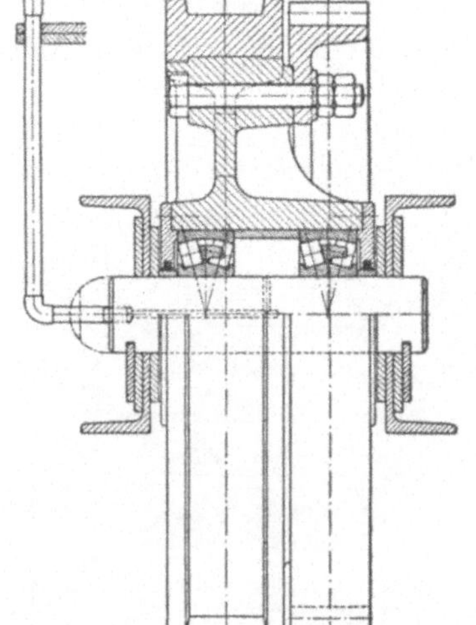

umlaufenden Rades einen festen Sitz der *Außenringe*, während die Innenringe mit einem gewissen Spiel auf der Achse sitzen können.

Nach dem Einpressen der im Inneren eingefetteten Lager und der Abstandshülse (Abb. 34) werden die Deckel verschraubt. Dann wird das Rad mit den vorläufig durch die Filzringe geführten Abstandsringen zwischen die Trägerkonstruktion gehängt und der Zapfen durchgeschoben. Als Sicherung werden auf jeder Seite Bleche

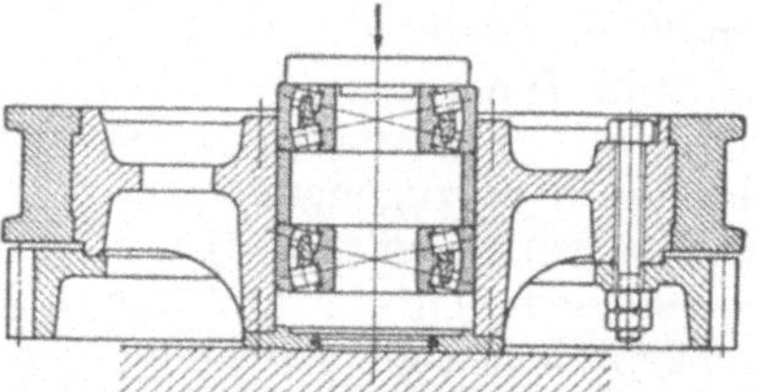

Abb. 33. Lagerung eines Kranlaufrades.    Abb. 34. Einpressen der Lager in die Nabe.

eingelegt. Der Fettkanal wird durch das Zuführungsrohr geschlossen und der Raum zwischen den Lagern mittels einer Fettspritze zum größten Teil gefüllt, da das Austreten von Fett keinen Schaden hervorrufen kann. In umgekehrter Reihenfolge werden die Lager ausgebaut. Das Fettrohr wird entfernt und die Sicherung gelöst. Dann kann der Zapfen nach der einen oder anderen Seite herausgedrückt werden, wobei das Rad zu unterstützen oder aufzuhängen ist. Nach dem Lösen der Deckel können die Außenringe unter Zuhilfenahme eines Druckstückes ähnlich Abb. 34 unter einer Presse oder durch Schläge herausgetrieben werden.

**3.22 Ein- und Ausbauen von Ringlagern mit Spannhülsen.** Bei der Lagerung eines *Trockenzylinders* (Abb. 35) werden in geteilten Gehäusen Spannhülsen verwendet, die axial nicht festgelegt sind. Die Lage der Spannhülsen muß daher vorher genau angezeichnet werden. Am besten wird die Stellung des Lagers durch eine Klemmvorrichtung (Abb. 36) mit geteiltem Winkelring bestimmt. Derartige

Klemmvorrichtungen zur Festlegung der axialen Stellung des Lagers sind hinfällig, wenn eine Abstandshülse benutzt werden kann. Bei unterstützter Trommel wird zunächst die durch einen Meißel geweitete Spannhülse (Abb. 37) und dann das Lager über den Zapfen geschoben, bis der Innenring an der Seitenfläche des Winkelringes zur Anlage kommt.

Mittels einer Fühllehre (Abb. 48) wird die Lagerluft gemessen. Wenn der Außenring nach unten durchhängt, muß die Messung an der untersten Rolle vorgenommen werden. Zweckmäßiger ist es, den Außen-

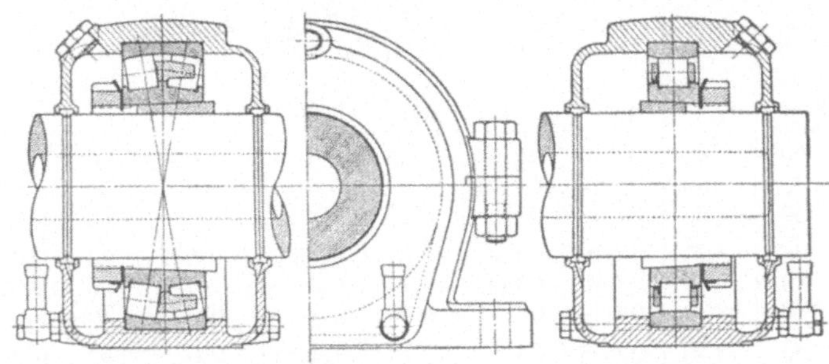

Abb. 35. Lagerung des Trockenzylinders einer Papiermaschine.

ring zu heben, so daß die Luft über den oberen Rollen gemessen werden kann. Die Messung geschieht in der Weise, daß ein ungefähr der Luftgröße entsprechendes Blatt von der Seite her zwischen Rolle und Außenring hindurch gezogen wird, bis jene Blattstärke gefunden ist, die sich nicht mehr einschieben läßt. Die tatsächliche Luft liegt dann zwischen demjenigen Blatt, das sich gerade noch durchziehen läßt, und dem um 0,01 mm stärkeren Blatt, das nicht mehr hindurchgezogen werden kann. Jetzt wird die Mutter der Spannhülse angezogen und die Schelle entfernt, damit beim weiteren Anziehen nur das Lager auf der Hülse verschoben wird. Die Verschiebung muß bei der Bestimmung der Stellung des Lagers berücksichtigt werden. Es wird so lange gespannt, bis eine genügende Aufweitung des Rollbahnringes entsprechend

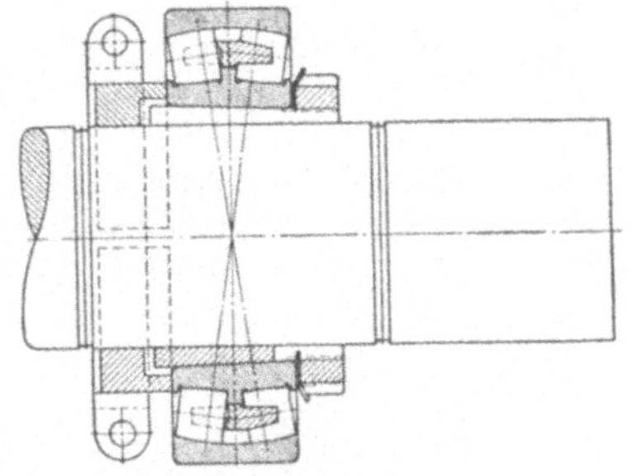

Abb. 36. Einbauvorrichtung für Lager mit Spannhülse.

den Angaben in Tabelle 2 erreicht ist. Dabei muß die Luft in der vorher beschriebenen Weise gemessen werden.

Wenn keine Angaben über die Aufweitung vorliegen, kann von der für solche Rollbahnringe möglichen zylindrischen Passung ausgegangen und das größtmögliche Übermaß zugrunde gelegt werden. Nach leicht zu behaltender Regel kann man aber auch bei allen Hülsenbefestigungen die Aufweitung so weit treiben, daß 50 % der Luft verschwindet. Auf keinen Fall darf die gesamte Lagerluft verdrängt werden. Der Außenring muß sich nach dem Spannen des Innenringes leicht drehen und schwenken lassen.

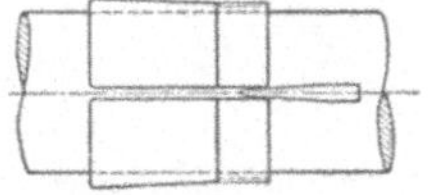

Abb. 37. Einbau der Spannhülse.

Zum Schluß muß die Mutter in die nächste Sicherungsstellung weitergeschraubt und der entsprechende Lappen des Sicherungsbleches in die Nut gedrückt werden. Das Gehäuse des Führungslagers ist dann auf der Unterlage fest zu verschrauben.

Das Unterteil des Lagergehäuses, das zur Aufnahme des Zylinderlagers dient muß der Stellung des Lagers auf der Achse genau angepaßt werden, bei gleichzeitiger Ausrichtung mit dem Führungsgehäuse. Mit Hilfe eines Lineals wird die parallele Lage der Seitenflächen der beiden Rollbahnringe geprüft. Zur Rollbahn des Außenringes schräg stehende Rollen rufen erhöhte Reibung und ständig wirkenden

Tabelle 2a und 2b. Empfehlungswerte Verminderung der Lagerluft beim Einbau von zweireihigen Tonnenlagern mit kegeliger Bohrung in mm

| Normale Betriebsverhältnisse — Normale Radialluft | | | | | | Schwere Betriebsverhältnisse — Größere Radialluft | | | | | |
|---|---|---|---|---|---|---|---|---|---|---|---|
| Lagerbohrung in mm | | Luftvermind. in 1/1000 mm | | Axiale Verschiebung zwischen Innenring und Hülse in mm | | Lagerbohrung in mm | | Luftvermind. in 1/1000 mm | | Axiale Verschiebung zwischen Innenring und Hülse in mm | |
| über | bis | min. | max. | min. | max. | über | bis | min. | max. | min. | max. |
| 30 | 40 | 0,020 | 0,025 | 0,35 | 0,4 | 30 | 40 | 0,025 | 0,030 | 0,4 | 0,45 |
| 40 | 50 | 0,025 | 0,030 | 0,4 | 0,45 | 40 | 50 | 0,030 | 0,040 | 0,45 | 0,6 |
| 50 | 65 | 0,030 | 0,040 | 0,45 | 0,6 | 50 | 65 | 0,040 | 0,050 | 0,6 | 0,75 |
| 65 | 80 | 0,040 | 0,050 | 0,6 | 0,75 | 65 | 80 | 0,050 | 0,060 | 0,75 | 0,9 |
| 80 | 100 | 0,045 | 0,060 | 0,7 | 0,9 | 80 | 100 | 0,060 | 0,070 | 0,9 | 1,1 |
| 100 | 120 | 0,050 | 0,070 | 0,75 | 1,1 | 100 | 120 | 0,070 | 0,090 | 1,1 | 1,4 |
| 120 | 140 | 0,065 | 0,090 | 1,1 | 1,4 | 120 | 140 | 0,080 | 0,100 | 1,3 | 1,6 |
| 140 | 160 | 0,075 | 0,100 | 1,2 | 1,6 | 140 | 160 | 0,090 | 0,120 | 1,4 | 1,9 |
| 160 | 180 | 0,080 | 0,110 | 1,3 | 1,7 | 160 | 180 | 0,100 | 0,140 | 1,6 | 2,2 |
| 180 | 200 | 0,090 | 0,120 | 1,4 | 1,9 | 180 | 200 | 0,120 | 0,160 | 1,9 | 2,5 |
| 200 | 225 | 0,100 | 0,140 | 1,6 | 2,2 | 200 | 225 | 0,130 | 0,180 | 2,0 | 2,8 |
| 225 | 250 | 0,110 | 0,150 | 1,7 | 2,4 | 225 | 250 | 0,140 | 0,200 | 2,2 | 3,1 |
| 250 | 280 | 0,120 | 0,170 | 1,9 | 2,7 | 250 | 280 | 0,160 | 0,220 | 2,5 | 3,5 |
| 280 | 315 | 0,130 | 0,190 | 2,0 | 3,0 | 280 | 315 | 0,180 | 0,250 | 2,8 | 3,9 |
| 315 | 355 | 0,150 | 0,210 | 2,4 | 3,3 | 315 | 355 | 0,190 | 0,260 | 3,0 | 4,0 |
| 355 | 400 | 0,170 | 0,230 | 2,6 | 3,6 | 355 | 400 | 0,210 | 0,290 | 3,3 | 4,5 |
| 400 | 450 | 0,200 | 0,260 | 3,1 | 4,0 | 400 | 450 | 0,240 | 0,320 | 3,7 | 5,0 |
| 450 | 500 | 0,210 | 0,280 | 3,3 | 4,4 | 450 | 500 | 0,260 | 0,340 | 4,0 | 5,3 |
| 500 | 560 | 0,240 | 0,320 | 3,7 | 5,0 | 500 | 560 | 0,290 | 0,360 | 4,5 | 5,6 |
| 560 | 630 | 0,260 | 0,350 | 4,0· | 5,4 | 560 | 630 | 0,310 | 0,400 | 4,8 | 6,2 |
| 630 | 710 | 0,300 | 0,400 | 4,6 | 6,2 | 630 | 710 | 0,360 | 0,470 | 5,6 | 7,3 |
| 710 | 800 | 0,340 | 0,450 | 5,3 | 7,0 | 710 | 800 | 0,400 | 0,520 | 6,2 | 8,0 |
| 800 | 900 | 0,370 | 0,500 | 5,7 | 7,8 | 800 | 900 | 0,450 | 0,580 | 7,0 | 9,0 |
| 900 | 1000 | 0,410 | 0,550 | 6,3 | 8,5 | 900 | 1000 | 0,500 | 0,650 | 7,8 | 10 |

In vorstehenden Tabellen sind jeweils links die Werte angegeben, um die man beim Einbau von Tonnenlagern zweckmäßigerweise die Radialluft vermindert. Daneben sind die Beträge für die Verschiebung der Innenringe in axialer Richtung angegeben, die notwendig sind, um die in den linken Spalten stehende Luftverminderung zu erzielen. Hierbei sind volle, d. h. undurchbohrte Zapfen aus Stahl mit geschliffener Sitzfläche vorausgesetzt.

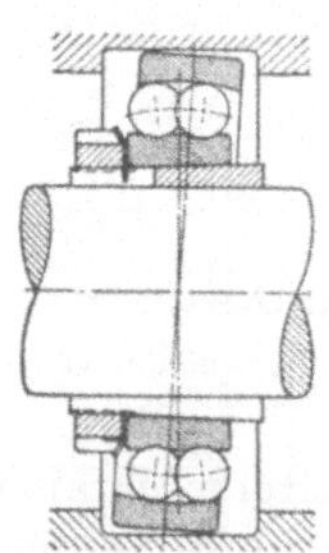

Abb. 38. Verkantet eingebautes Pendellager.

Axialdruck hervor. Besonders gefährlich ist ein Zustand, bei welchem der Außenring verkantet im geteilten Gehäuse sitzt (Abb. 38). Erst nachdem die einwandfreie Lage der beiden Rollbahnringe zueinander festgestellt wurde, darf das Gehäuse auf der Unterlage verschraubt werden. Wegen der großen Wärmedehnung ist ein entsprechender Versatz der beiden Rollbahnringe des Zylinderlagers von vornherein vorzusehen, damit die Rollbahnringe im Betriebszustande ungefähr die gleiche Lage einnehmen. Dann wird in beide Unterhälften bis zur Mitte der untersten Rolle das für diesen Zweck vorgeschriebene Öl gefüllt. Zum Schluß wird die obere Hälfte aufgesetzt und verschraubt.

Bevor die Lager ausgebaut werden, ist der Zylinder abzustützen. Dann können die Oberhälften abgenommen und die Hülsenmuttern nach Aufbiegen der Sicherungslappen einige Umdrehungen gelockert werden. Der Trockenzylinder ist dann so weit zu heben, daß sich die beiden Lager allen oder mit den Gehäuseunterhälften vom Zapfen abziehen lassen. Zu

diesem Zwecke werden die Winkelringe wieder um den Zapfen geklemmt, so daß
ihr Ansatz an der Seitenfläche des Innenringes liegt. Dann wird die Hülse mit
Hilfe eines Druckstückes durch Schläge aus der Bohrung getrieben (Abb. 39).
Nach einer kleinen axialen Verschiebung sitzt das Lager locker und kann jetzt
mit der entspannten Hülse abgezogen werden.

Für Landmaschinenlager wird eine Sondervorrichtung (Abb. 40) benutzt, die
gleichzeitig eine axiale Festlegung und ein Spannen der Lager gestattet.

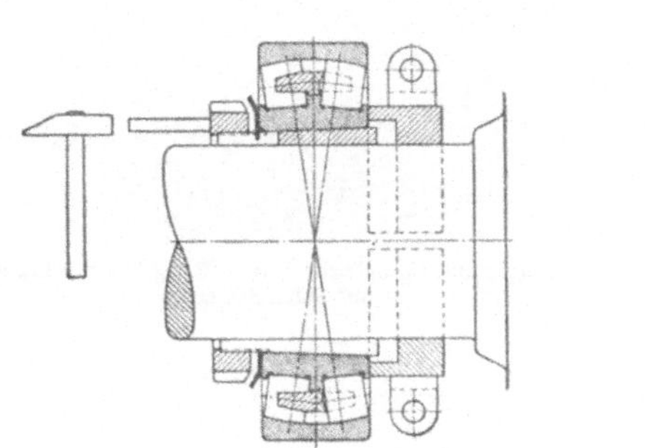

Abb. 39. Ausbau eines Lagers mit Spannhülse.

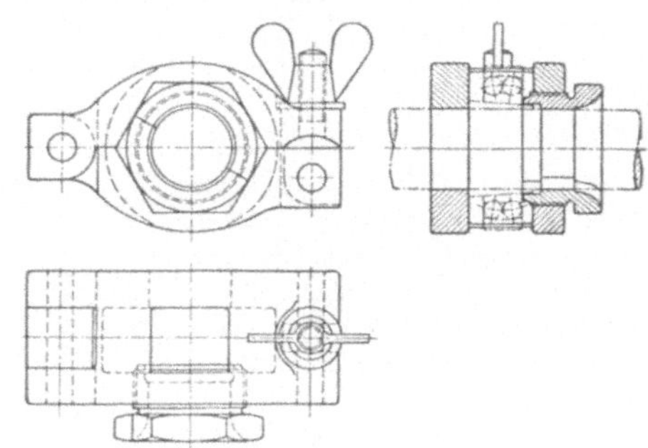

Abb. 40. Einbauvorrichtung für Lager mit Klemmhülse.

Bei den einteiligen Gehäusen einer *Transportschnecke* können die Lager in ähnlicher Weise ein- und ausgebaut werden. Dies geht ohne Schwierigkeit, wenn sich
die Gehäuse wie in Abb. 41 axial verschieben lassen. Die mit den beiden linken

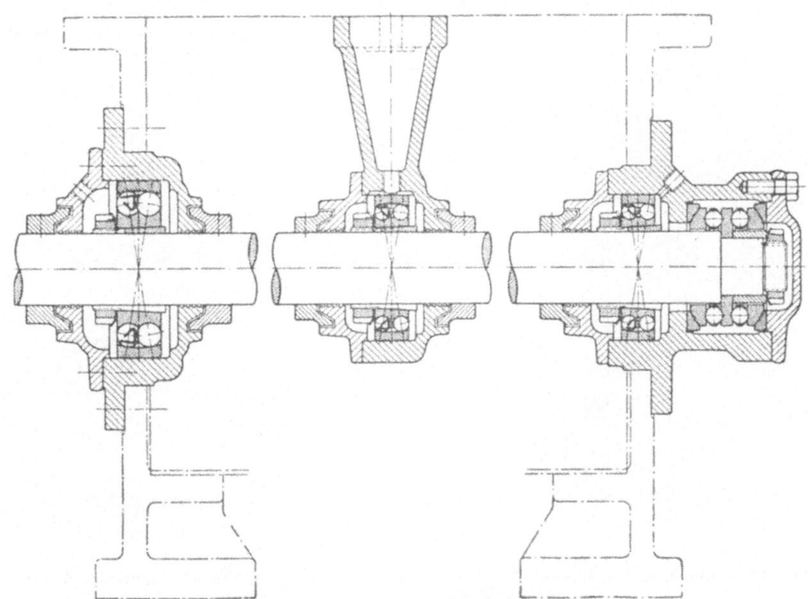

Abb. 41. Lagerung der Transportschnecke.

Lagern und dem Flanschgehäuse fertig montierte Welle wird durch das mittlere
Hängelager geschoben (Abb. 42). Dies muß vorher genau ausgerichtet werden.
Außerdem ist darauf zu achten, daß ein Verkanten des Lagers (Abb. 38) vermieden wird. Auf der anderen Seite läßt sich zunächst das Spannhülsenlager
montieren. Dann kann das Flanschgehäuse über den Außenring geschoben und

verschraubt werden. Zum Schluß müssen die Rollbahnscheiben mit den Kugel-
kränzen eingelegt und eingestellt werden. Die bei der Montage der Scheibenlager
zu beachtenden Maßnahmen werden in einem späteren Beispiel ausführlich behandelt.

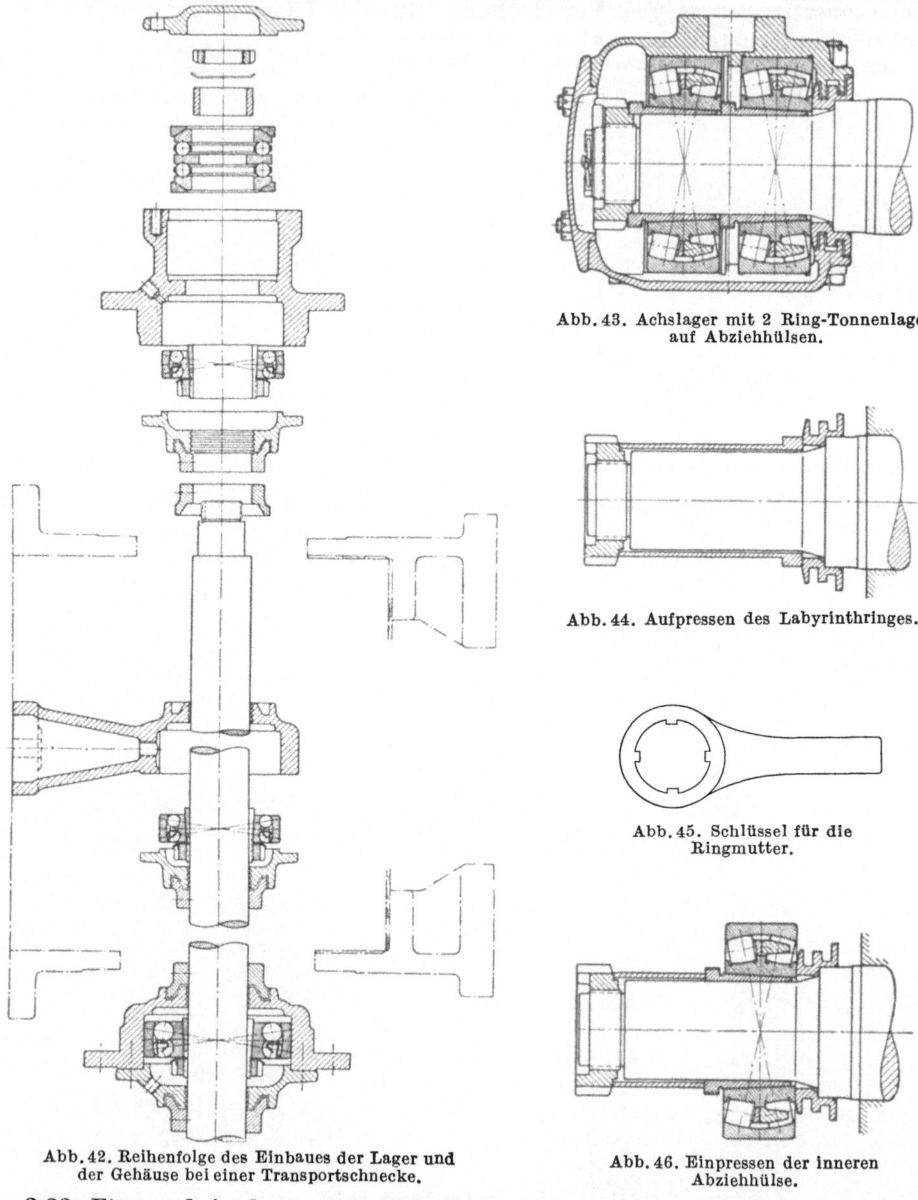

Abb. 43. Achslager mit 2 Ring-Tonnenlagern
auf Abziehhülsen.

Abb. 44. Aufpressen des Labyrinthringes.

Abb. 45. Schlüssel für die
Ringmutter.

Abb. 42. Reihenfolge des Einbaues der Lager und
der Gehäuse bei einer Transportschnecke.

Abb. 46. Einpressen der inneren
Abziehhülse.

**3.23. Ein- und Ausbauen von Ringlagern mit Abziehhülsen.** Die Betriebsverhältnisse bei *Rollenachslagern* (Abb. 43) bedingen einen festen Sitz der Innenringe.
Die Außenringe können, da fast „Punktlast" vorliegt, lose sitzen. Die Nacharbeit
an den Bandagen und der Ausbau der Lager zwecks Kontrolle erfordert die Verwendung von Abziehhülsen, die sich leicht lösen und wieder befestigen lassen. Bei
dem Ein- und Ausbauen der Lager ist folgendermaßen vorzugehen:

Der auf 150° C erwärmte Labyrinthring wird auf seinen Sitz geschoben und mit einer Montagehülse (Abb. 44) durch Anziehen der Ringmutter mit einem Schlüssel (Abb. 45) gegen den Wellenbund gepreßt. Der Labyrinthring verträgt im Gegensatz zu Wälzlagerringen eine Erwärmung auf 150°, da er nicht gehärtet ist. Während des Erkaltens ist die Mutter mehrmals nachzuziehen. Da die Abkühlung des durch den Labyrinthring erwärmten Achsschenkels nur langsam vor sich geht, sollte mit der Montage der Rollenlager genügend lange gewartet werden, da sonst die Gefahr besteht, daß sich die eingepreßten Hülsen durch nachträgliches Schrumpfen des Achsschenkels lockern. Dann wird das eine Rollenlager über den Achsschenkel geschoben und die Abziehhülse von außen mit Hilfe einer Montagehülse durch Anziehen der Ringmutter eingepreßt (Abb. 46). Um ein Fressen der Hülsen zu verhindern, werden die Sitzflächen im Innenring und auf dem Achs-

schenkel mit einem Hauch dünnflüssigen Öles versehen. Kein zähflüssiges Öl und auch kein Fett verwenden! Das äußere Rollenlager wird mit seiner Hülse in der gleichen Weise befestigt (Abb. 47). Nach dem Anziehen der Hülsen

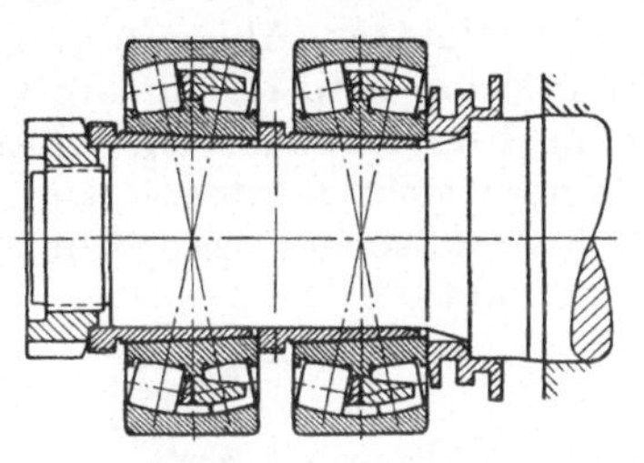
Abb. 47. Einbau des äußeren Lagers.

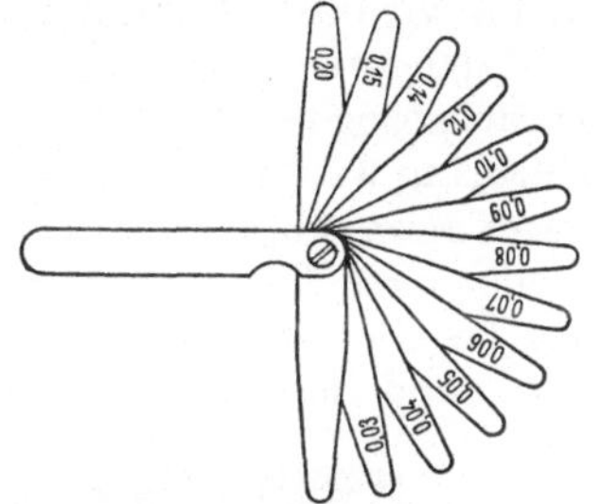
Abb. 48. Fühllehre.

muß geprüft werden, ob das innere Lager fest an dem Labyrinthring und das äußere Lager fest an der Seitenfläche der inneren Hülse liegt.

Die Hülsen müssen kräftig eingepreßt werden, damit ein strammer Sitz erzielt wird. Die Prüfung besteht in der Kontrolle der Lagerluft vor und nach dem Anziehen mit Hilfe einer Fühllehre (Abb. 48). Die Aufweitung des Innenringes muß bei der hier vorgesehenen Lagergröße mit 110 mm Bohrung 0,05···0,06 mm betragen, wenn sich die Abziehhülse nicht lockern soll. Wird vor dem Einbau eine Lagerluft von 0,1 mm festgestellt, so ist bei 0,04···0,05 mm gemessener Lagerluft nach dem Anziehen die richtige Pressung erreicht. Andererseits dürfen die Rollen durch das Aufweiten des Innenringes nicht zwischen den Ringen festgeklemmt werden. Nach dem Anziehen der Hülsen muß immer noch so viel Luft in jedem Lager vorhanden sein, daß sich der Außenring leicht drehen und ausschwenken läßt. Bleibt die Aufweitung trotz kräftigen Anziehens beträchtlich unter dem obengenannten Maß, so muß die Hülse wieder herausgezogen werden, da dann meistens ein vorzeitiges Fressen durch irgendwelche Fremdkörper eingetreten ist.

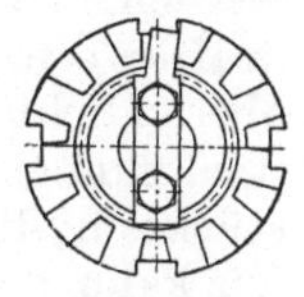
Abb. 49. Achsschluß.

Die Ringmutter wird durch einen Keil, der in die dafür vorhandene Nute im Achsschenkelende und in eine der in der Mutter vorhandenen Aussparungen paßt, mittels Sechskantschrauben gesichert. Der Keil ist an einem Ende unsymmetrisch ausgebildet, so daß sich bei einer Umdrehung der Mutter 44 verschiedene Stellungen für die Sicherung ergeben (Abb. 49). Falls der Keil nicht genau in die Aussparung paßt, muß die Mutter weiter angezogen werden. Ein Zurückdrehen ist nicht statthaft. In der richtigen Lage wird der Keil mit zwei Schrauben befestigt, die durch eine Schlaufe aus weichem Eisendraht am Lösen verhindert werden. Nach Beendigung der Montage werden die Lager eingefettet, und auch der Raum zwischen beiden Lagern und am Ende des Achszapfens, ebenso wie die Nuten der Labyrinthringe, teilweise mit Fett gefüllt. Nachdem die Lagersitzflächen eingeölt sind, werden die Gehäusehälften über die Lager gelegt und mit den Schrauben fest zusammengezogen, damit die Trennfugen dicht schließen. Beim Sichern dürfen die Muttern nicht zurückgedreht werden. Durch langsames Drehen von Hand ist der leichte Gang der Rollenlager zu prüfen. Fehler, z. B. Berührung im Labyrinth, machen sich dabei bemerkbar.

Beim Ausbauen ist sinngemäß zu verfahren. Deckel und Gehäusehälften werden nach Lösen der Befestigungsschrauben entfernt. Dabei dürfen keine Meißel oder Keile an den Trennfugen angesetzt werden, da der entstehende Grat ein dichtes Schließen beim Zusammenbau verhindern würde. Auch der Transport der einzelnen Gehäusehälften darf nur in zusammengespanntem Zustand erfolgen. Es ist zweckmäßig, die beiden Gehäusehälften vor dem Auseinandernehmen durch Nummern oder Körner als zusammengehörig zu bezeichnen. Nach Lösen des Sicherungskeiles wird die Ringmutter entfernt. Dabei wird auf den mit Gewinde versehenen Teil der äußeren Hülse eine Abziehmutter (Abb. 50) aufgeschraubt und die Hülse herausgezogen. In der gleichen Weise wird das innere Lager gelöst. Der Labyrinthring wird normalerweise nur beim Auswechseln der Achse abgezogen und kann dann beim Abpressen der Räder entfernt werden. Beim Ein- und Ausbauen der Rollenlager kann auch eine hydraulische Presse (Abb. 51) benutzt werden, die auf das Gewinde der Achse geschraubt wird und mit wenigen Hüben das

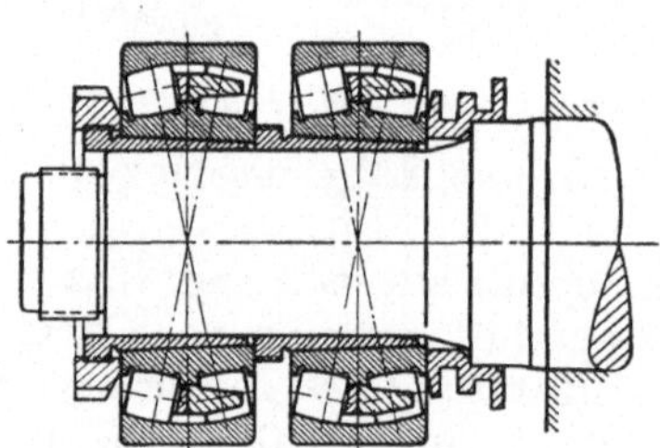

Abb. 50. Abziehen der äußeren Hülse mit Abziehmutter.

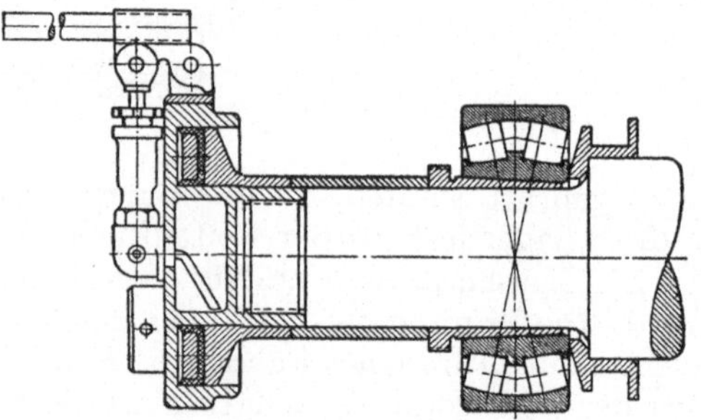

Abb. 51. Hydraulische Presse für den Ein- und Ausbau von Lagern mit Abziehhülse.

Festspannen oder Lösen der Lager gestattet. Diese Vorrichtung hat sich sehr gut bewährt.

**3.24. Ein- und Ausbauen von Ringlagern auf kegeliger Wellensitzfläche.** Die Montage der Lager auf kegeligen Sitzflächen soll an Hand der Abb. 52, welche die Lagerung der Kurbelwelle und der Stelzenköpfe eines *Sägegatters* darstellt, beschrieben werden. Die hin- und hergehende Belastung aus dem Antrieb und den Massenkräften erfordert einen strammen Sitz des Außenringes. Der Innenring ist in der oberen Schnitthälfte mit Preßsitz auf einem kegeligen Zapfen befestigt. Das Lager wird zunächst durch Druck auf den Außenring unter Zuhilfenahme eines Druckstückes in die Bohrung des einteiligen Stelzenkopfes gepreßt (bei geschlitzten Köpfen kann das Lager zuerst auf den Zapfen geschoben werden). Dann wird der innere, mit einem Filzring versehene Deckel festgeschraubt. Vorher muß das Lager sorgfältig mit Fett gefüllt werden, weil es später nicht mehr zugänglich ist. Zusammen mit der Stange wird das Lager auf den kegeligen Schenkel geschoben, soweit dies von Hand möglich ist. Durch Anziehen der Ringmutter wird der Innenring auf den Kegel des Zapfens gepreßt. Es empfiehlt sich aber immer, genau wie bei Lagern mit Spannhülsen oder Abziehhülsen, rechtzeitig die Radialluft beim Aufweiten des Innenringes zu prüfen.

Wegen der hin- und hergehenden Bewegung ist ein verhältnismäßig geringes Spiel erwünscht, das durch eine größere Aufweitung erreicht werden kann. Nach

genügendem Anziehen wird die Ringmutter bis in die nächste Sicherung weiter-
gedreht und der Lappen des Sicherungsbleches eingelegt. Der Deckel wird bis zur
Hälfte mit Fett gefüllt und verschraubt.

Der Ausbau des Lagers ist schwierig, da der Innenring durch den einteiligen,
inneren Deckel nicht zugänglich ist. Es bleibt daher nichts anderes übrig, als eine

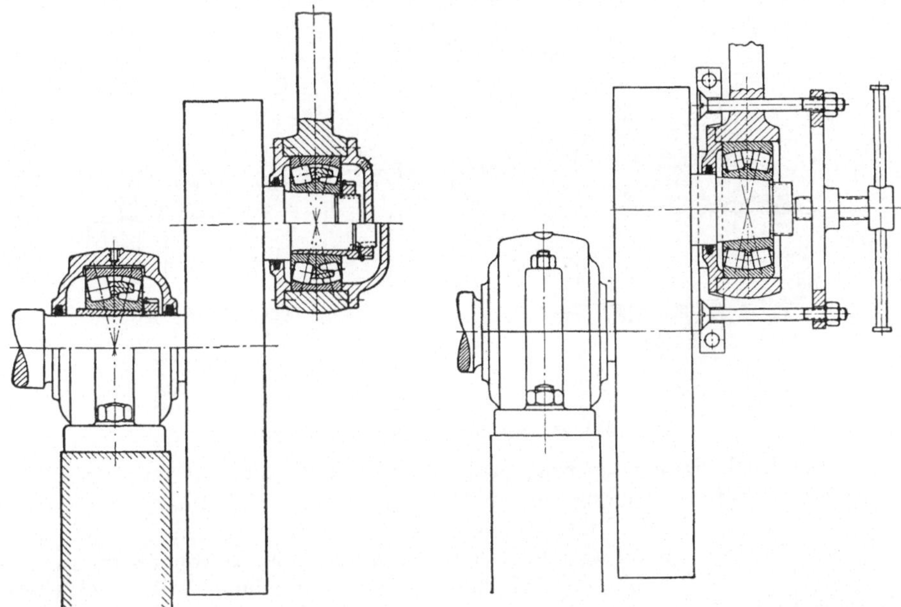

Abb. 52. Lagerung eines Sägegatters.        Abb. 53. Abziehen eines Stelzenkopfes.

Vorrichtung anzusetzen, entsprechend Abb. 53, die den Innenring durch Druck
über die Rollen abzieht, nachdem vorher Deckel, Sicherung und Mutter gelöst
wurden. Eine andere Möglichkeit besteht darin, den Zapfen aus der Schwungscheibe
zu pressen. Dann ist es möglich, den inneren
Deckel zu entfernen und den Zapfen aus dem
Innenring zu drücken. Der Ausbau des Lagers
aus dem Stelzenkopf muß bei einteiliger Ausführung mit einem ähnlichen Druckstück wie in
Abb. 54 durchgeführt werden. Eine Befestigung
des Lagers mit einer Abziehhülse (Abb. 52, untere Schnitthälfte) ist vorzuziehen, weil es dann
mit einfachen Mitteln ausgebaut werden kann.

In Abb. 55 wird der Preßsitz des Zapfens in
den Kurbelwangen durch Klemmen hervorgerufen. Die leicht lösbare Befestigung gestattet in
allen Fällen ein Abpressen der Lager mit einer
Vorrichtung entsprechend Abb. 54. Das Lager
kann aber auch in folgender Weise abgedrückt
werden. Nach Lockern der Klemmschrauben
wird die eine Mutter gelöst und die andere Mutter

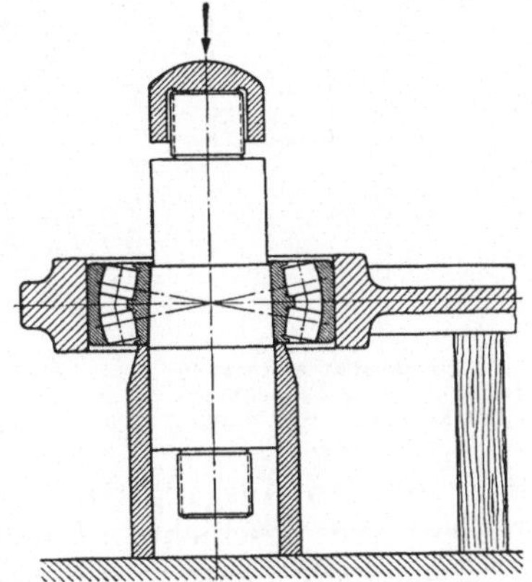

Abb. 54. Ausbau des Stelzenkopflagers.

angezogen, bis die Pressung auf dem Zapfen aufgehoben ist. Weil das Ausbauen
von Lagern, die unmittelbar auf einer Kegelfläche sitzen, schwierig ist, verwendet

man beim Abziehen nach Möglichkeit eine Anordnung entsprechend Abb. 56. Hierbei wird der Innenring nach Lösen der äußeren Befestigungsmutter durch Keile abgetrieben, die zwischen Labyrinthring und Kurbelscheibe angesetzt werden.

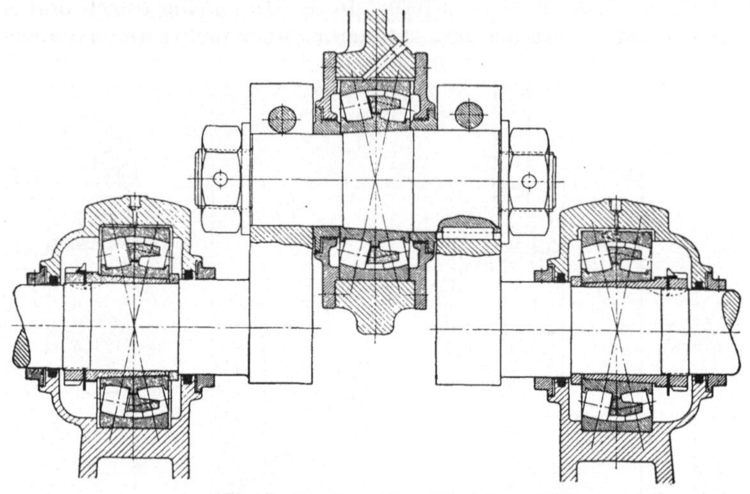

Abb. 55.  Lagerung eines Einstelzengatters.

Auch bei der *Walzwerkslagerung* (Abb. 57) muß das Lager auf der ganzen Länge des kegeligen Zapfens gleichmäßig am Umfang tragen. Um dies zu prüfen, wird die Bohrung des Lagers mit Farbe dünn bestrichen und das Lager mittels der Montagehülse *1* Abb. 58 mit leichten Schlägen auf den Zapfen getrieben. Mit zwei flachen kegeligen Keilen *3*, die zwischen Walzenballen und Labyrinthring angesetzt werden (Abb. 59), wird das Lager wieder abgepreßt. Hat das Lager nicht gleichmäßig getragen, so muß der Zapfen nachgearbeitet werden. Wenn die kegeligen Zapfen in Ordnung sind, müssen die Lager zunächst im kalten Zustand leicht aufgeschoben wer-

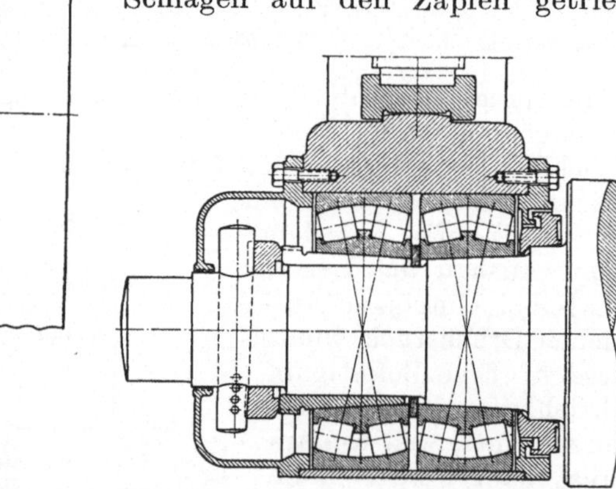

Abb. 56.  Ausbau eines zweireihigen  Ring-Tonnenlagers mit kegeligem Sitz durch Keile.

Abb. 57.  Lagerung der Stützwalze eines Kaltwalzwerkes.

den, um den Ausgangspunkt für das spätere Aufziehen im warmen Zustand zu finden. Dies geschieht in folgender Weise:

Das innere Lager wird durch einige leichte Schläge mit der Montagehülse *1* auf den kegeligen Zapfen getrieben und der Abstand „*a*“ von der Innenringseite bis zum Absatz gemessen (Abb. 58).

Dann wird das äußere Lager bis an den Zwischenring *4* geschoben (Abb. 60), die Abziehhülse mit der Montagehülse *2* durch einige leichte Schläge eingepreßt und der Abstand *b* von der Stirnseite der Abziehhülse bis zur Seitenfläche des Innenringes gemessen.

Das äußere Lager wird dann mit Hilfe der Abziehvorrichtung *5, 6, 7* (Abb. 59) und das innere Lager mit den Keilen *3* wieder abgepreßt.

Sämtliche Teile, *außer den Lagern*, sind in Waschbenzin zu reinigen. Nach diesen Vorarbeiten kann die eigentliche Montage beginnen. Die Sitzstellen der Zapfen und der Abziehhülse sind mit Graphit einzureiben. Um das Aufpressen zu erleichtern, werden die Lager in einer Flüssigkeit, die aus 95 Teilen Wasser und 5 Teilen Bohröl besteht, erwärmt. Nachdem die Lager eine Übertemperatur von 55°···60° angenommen haben, werden sie mit einer Greifzange (Abb. 61) aus der Flüssigkeit herausgezogen, abgesetzt und geneigt, damit das Wasser aus dem Außenring wieder heraus-

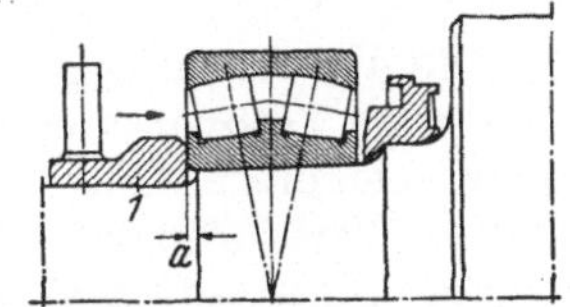

Abb. 58. Aufpressen des inneren Lagers.

laufen kann. Der Einbau wird in der bereits geschilderten Reihenfolge vorgenommen. Während der Montage muß die Verschiebung nochmals gemessen werden, um den Sitz der Lager zu kontrollieren. Die notwendige Verschiebung ergibt sich aus

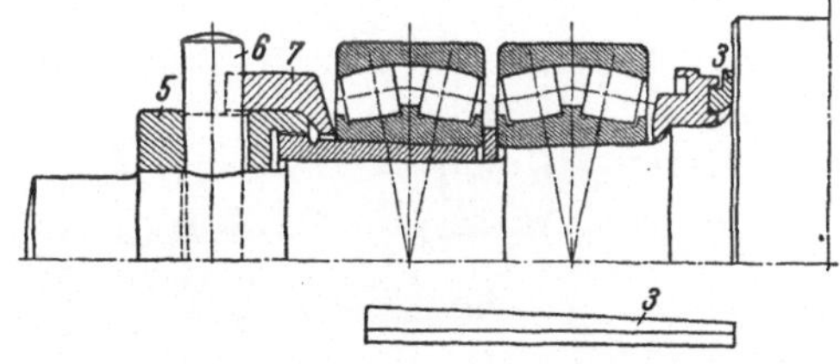

Abb. 59. Abziehen der Hülse.

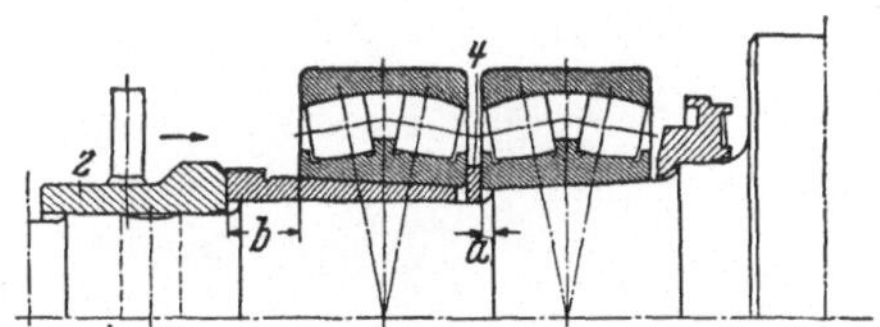

Abb. 60. Versuchsweise Einpressen der Hülse.

der Tabelle 2. Sofort nach dem Aufpressen der Lager muß der Befestigungskeil (Abb. 57) fest eingetrieben und durch einen Stift gegen Lockerung gesichert werden. Nach dem Erkalten der Lager wird die Luft an den unteren Rollen nochmals gemessen, um festzustellen, ob der Innenring die nötige Aufweitung erhalten hat.

Die in Tabelle 2 angegebenen Beträge sind als Mindestwerte anzusehen. Die tatsächliche Luftverminderung ist von der Erwärmung des Lagers und von der elastischen Verformung des Innenringes und des Zapfens abhängig. Es kann vorkommen, daß die angegebenen Werte für die Luftverminderung und axiale Verschiebung nicht genau mit den wirklich erreichten übereinstimmen. Weicht aber die tatsächliche Luftverminderung wesentlich von den Tabellenwerten ab, so ist es zweckmäßig, die Lager wieder auszubauen und nochmals zu montieren. — Nach sorgfältiger Reinigung werden die Sitzflächen der Gehäuse mit Graphit geschmiert, über beide Lager geschoben und die Deckel angeschraubt. Das Fett muß vor dem Aufbringen der Gehäuse zwischen die

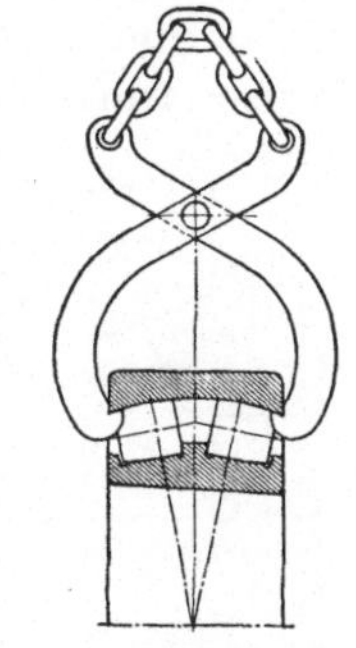

Abb. 61. Transportvorrichtung für ein großes Ring-Tonnenlager.

Rollen und zwischen die Lager gedrückt werden. Auch in dem vorderen Deckel ist ein gewisser Vorrat unterzubringen. Die Labyrinthe müssen ebenfalls mit Fett gefüllt werden, um nach Möglichkeit das Eindringen von Wasser oder Schmutz zu verhindern. Falls Öl verwendet wird, soll die unterste Rolle bis zu $3/4$ ihres Durchmessers eintauchen.

Beim Ausbauen wird zunächst der äußere Deckel des Gehäuses entfernt und der innere Deckel gelöst, damit das Gehäuse von den Lagern abgezogen werden kann.

Dann wird der Befestigungskeil herausgeschlagen. Um die Lager leichter ausbauen zu können, werden sie mittels eines Dampfrohres 9 (Abb. 62) erwärmt, nachdem die Abziehvorrichtung kräftig angespannt ist. Der Dampf strömt aus den am Umfang vorgesehenen Löchern zwischen die Rollen und auf den Innenring. Nach einiger Zeit kann die Abziehhülse herausgezogen werden. Dann wird das Dampfrohr an dem inneren Lager angebracht, das nach genügender Erwärmung des Innenringes mit den Keilen 3 abgetrieben wird.

Die Verwendung großer und sehr großer Wälzlager bei Walzwerken erfordert sehr hohe Preßpassungen. Der Ausbau solcher Lager verursacht daher erhebliche Schwierigkeiten. Nach einem von der S. K. F. Göteborg entwickelten und patentierten Verfahren wird die Demontage großer Lager auf kegeligen Zapfen dadurch wesentlich erleichtert, daß die Rollbahnringe mittels hohem Öldruck zwi-

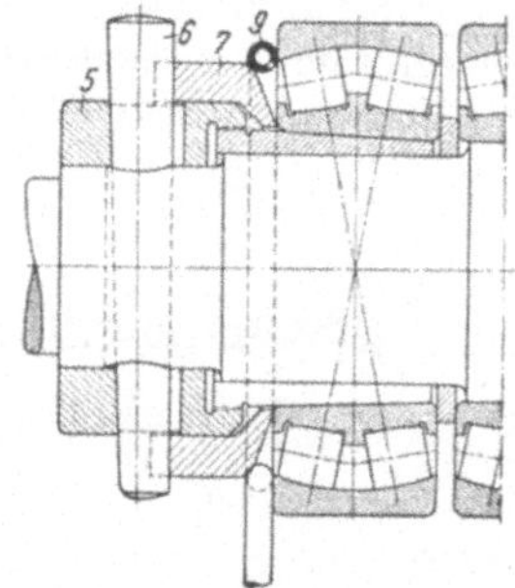

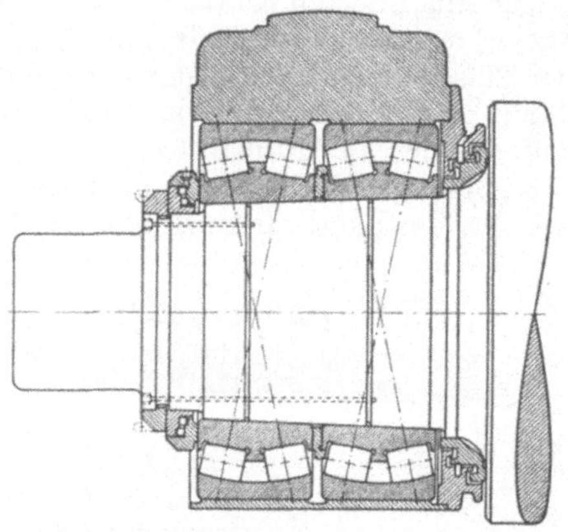

Abb. 62. Anwärmvorrichtung
des Innenringes.

Abb. 63. Walzenlagerung mit Vorrichtung
zum Abpressen der Lager mittels Öldruck.

schen den Paßflächen erweitert werden. Bei Lagern auf Abziehhülsen ist die Wirkung nicht so sicher, weil die Möglichkeit besteht, daß das Öl auch in die Fuge zwischen Hülse und Zapfen eindringt. Die Preßpassung wird aber soweit verringert, daß die Hülse dann mit einer Abziehmutter leicht aus der Lagerbohrung gezogen werden kann.

Abb. 63 zeigt die Anordnung der Kanäle und Verteilungsnuten bei einer Walzenlagerung.

**3.25 Einbauen von Scheibenlagern.** Bei der Montage von Scheibenlagern sollte immer geprüft werden, ob die Rollbahnen der Scheiben rechtwinklig zur Welle liegen. Dies geschieht für die Wellenscheibe zweckmäßigerweise mit einem Zeigergerät beim Drehen der Welle. Außerdem muß untersucht werden, ob die Gehäusescheiben konzentrisch und parallel zur Wellenscheibe liegen. Ein geeignetes Spiel wird dadurch erreicht, daß die Scheiben mittels des Gewindedeckels zunächst ohne Gewalt spielfrei angestellt werden. Darauf wird der Deckel oder die Mutter je nach der Lagergröße und Gewindesteigung um $10\cdots30$ mm, bezogen auf den Umfang der Wellenscheibe, zurückgedreht. Bei einer Bauart mit Flanschdeckel wird dieser leicht angespannt und

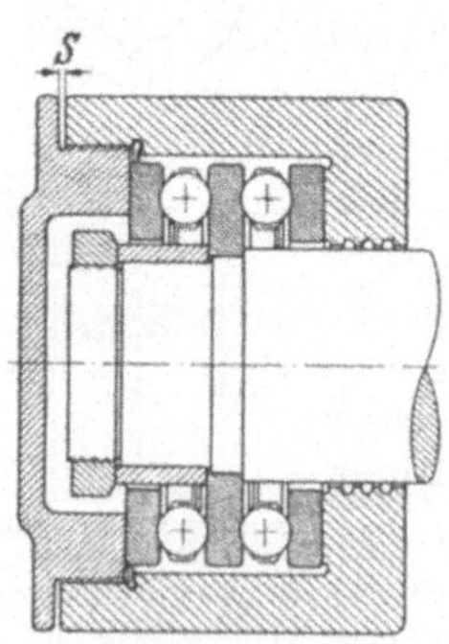

Abb. 64. Einbau
von Scheibenlagern.

das Spiel gemessen. Dann wird der Zwischenraum durch eine Scheibe ausgefüllt, die um $0{,}05\cdots0{,}10$ mm — je nach der Lagergröße — dicker ist als das vorher gemessene Spiel $S$, Abb. 64. Dieses Einpassen wird am besten vor der Montage bei senkrecht stehendem Gehäuse vorgenommen.

### 3.3 Schmierung.

Im allgemeinen ist es zweckmäßig, das Lagergehäuse sofort bei der Montage mit der erforderlichen Fettmenge zu versehen. Bei geringer Drehzahl kann fast der ganze freie Raum gefüllt werden, Bei hoher Drehzahl muß die Fettmenge bedeutend geringer sein, da das Schmiermittel sonst zu stark gerührt wird und durch die Dichtung tritt. Als allgemeine Richtlinie kann in den meisten Fällen die Vorschrift befolgt werden, daß etwa $2/3$ des freien Raumes neben den Lagern mit Fett zu füllen ist. Das Lagerinnere muß beim Einbau mit Fett vollgepackt werden, damit die Schmierung schon beim ersten Anlauf gesichert ist. Trockene Rollbahnen fressen sofort.

Für solche Lagerungen, die in größeren Mengen gleichartig hergestellt werden, ist im allgemeinen die günstigste Füllung bekannt und festgelegt. Bei neuen Maschinen ist es aber zweckmäßig, die Schmiermittelmenge nach Versuchen zu bemessen, da sonst leicht eine unzulässig hohe Temperatur und eine Verflüssigung des Fettes eintritt. Bei Ölschmierung muß die geeignete Schmiermittelmenge in fast allen Fällen durch eine Laufprüfung festgestellt werden.

Die Auswahl der Öl- oder Fettsorte ist von der höchstmöglichen Betriebstemperatur abhängig, die sich bei höchster Drehzahl, Belastung und Raumwärme ergeben kann. Bei Verwendung von Öl spielt die Temperatur allerdings eine geringere Rolle als bei Fett. Im allgemeinen ist jedes gute, säurefreie Maschinenöl verwendbar. Erst bei Temperaturen über 80° ist die Viskosität von größerer Bedeutung. Wenn noch höhere Wärmegrade zu erwarten sind, wie z. B. bei Kurbelwellen- und Pleuellagern von Verbrennungsmotoren, kann die richtige Auswahl eines geeigneten Öles mit genügend hoher Viskosität für die Bewährung der Lager ausschlaggebend sein. Bei besonders hoher Drehzahl sind Wälzlager gegenüber zu viel oder zu dickem Öl empfindlich. In solchen Fällen ist es zweckmäßig, die richtige Ölsorte sorgfältig durch Versuche festzustellen. Bei Temperaturen von etwa 120°, wie z. B. bei Trockenzylindern von Papiermaschinen, müssen sog. Heißdampfzylinderöle benutzt werden.

In der Tabelle 3 ist die zweckmäßige Viskosität in Abhängigkeit von der Temperatur angegeben.

Fette sind gegenüber Erwärmung wesentlich empfindlicher als Öl insofern, als sich die Konsistenz eines Fettes viel schneller ändert als die Viskosität eines Öles. Das Fett zerfällt schon bei einer verhältnismäßig niedrigen Temperatur. Im wesentlichen kann man 3 Sorten unterscheiden: vaselinartige Fette, Kalkseifenfette und Natron- oder Alkaliseifenfette. Die ersteren sind nur bis etwa $+30°$ verwendbar, weil sie

Tabelle 3. Zweckmäßige Viskosität in Abhängigkeit von der Temperatur.

| Temperatur | Viskosität $E$ bei 50° C |
|---|---|
| Unter 30° | 2,5···· 3,5 |
| 20··· 40° | 3,5···· 4,5 |
| 30··· 50° | 4,5···· 5,5 |
| 40··· 60° | 6 ···· 8 |
| 50··· 80° | 15 ····20 |
| 70···125° | 25 ····50 |

dann flüssig werden. Sie verändern zwar sonst ihren Zustand nicht und werden wieder fester, wenn die Temperatur sinkt, aber ihre Menge müßte dann ähnlich gering sein wie bei Öl, wenn nicht eine zu hohe Wärmeentwicklung eintreten soll. Auch der Schmiermittelverlust wird größer, wenn nicht bei der Ausbildung der Dichtung darauf Rücksicht genommen wurde. Aus diesen Gründen werden vaselinartige Schmiermittel selten benutzt.

Am häufigsten ist die Schmierung mit Kalkseifenfetten, die von 0 bis etwa $+50°$ C Betriebstemperatur verwendbar sind. Gute Kalkseifenfette haben einen beginnenden Tropfpunkt nach UBBELOHDE von etwa $+85°$ C und einen Tropfpunkt von $+90°···95°$ C. Der Aschegehalt liegt unter 2 % und der Wassergehalt bei etwa 3 %. Die untere Grenze des Verwendungsbereiches der Kalkseifenfette wird durch den Gehalt an Wasser bestimmt, das sich bei 0° in Form von Kristallen ausscheidet.

Hierbei zerfallen die das Öl enthaltenden Zellen und das Fett wird mehr oder weniger zersetzt. Wird die obere Grenze überschritten, dann zerfällt das Kalkseifenfett in Kalkseife und Öl. Die auf dem Markt befindlichen Fettsorten verhalten sich bei hoher Temperatur verschieden. Es ist daher zweckmäßig, bei Lagertemperaturen über $+40°$ C mit der Auswahl des Fettes besonders vorsichtig zu sein.

Für Temperaturen über $+50°$ C sind Kalkseifenfette ungeeignet. Dann sind Natron- oder Alkaliseifenfette zu empfehlen, deren Verwendung bis etwa $+70°$ C bei Dauertemperatur zulässig ist. Das Verhalten der auf dem Markt befindlichen Fettsorten ist jedoch unterschiedlich sowohl in bezug auf die untere als auch obere Grenze. Bei Temperaturen über $+70°\cdots80°$ C ist eine besonders sorgfältige Auswahl der Fettsorte erforderlich. Unter $+50°$ C sind solche Fette geeignet, die eine genügend weiche Konsistenz besitzen. Der beginnende Tropfpunkt nach UBBELOHDE liegt bei diesen Fetten etwa bei $+120°$ C. Infolge der höheren Konsistenz enthalten sie meist mehr Seife und weisen deshalb auch einen wesentlich höheren Aschegehalt auf, der bis 4% als zulässig angesehen werden kann. Alkalifette können eine etwa ihrem Gewicht entsprechende Wassermenge aufnehmen, ohne die Konsistenz zu verlieren.

Kommt noch mehr Wasser hinzu, dann wird das Fett flüssig und tritt leicht aus dem Lagergehäuse aus. In solchen Fällen, wie z. B. bei Walzwerken, verwendet man zur Schmierung der Wälzlager eine Mischung von Kalkseifenfett und Bohröl. Diese Emulsion kann beträchtliche Wassermengen aufnehmen (etwa 95%), bevor eine Rostgefahr besteht. Durch die Mischung mit Kalkseifenfett soll die Schmierfähigkeit gewährleistet werden. Es gibt jetzt ein Fett, das die Fähigkeit hat, in wesentlich größerem Maße als die gewöhnlichen Alkalifette mit Wasser zu emulgieren. Selbst bei zehnmal so großer Wassermenge bleibt dieses Fett noch rostschützend. Dabei löst sich nur ein Teil des Fettes auf, während die Hauptmasse ihre Konsistenz behält. Dieses Fett ist bis etwa $+80°$ verwendbar.

Schmiermittel aus kolloidalem Graphit kommen bei Temperaturen über 200° z. B. bei Trockenkammerwagen in Betracht, wo Öl allein nach kurzer Zeit eintrocknen würde. Einlaufen der Wälzlager mit Graphit dürfte nur in ungewöhnlichen Ausnahmefällen in Erwägung zu ziehen sein. Der Zustand der Lager könnte leicht durch künstlichen Verschleiß verschlechtert werden.

In den USA sind etwa im Jahre 1943 sogenannte Silikonfette entwickelt worden, welche nach den Angaben des Herstellers der Dow Corning Corporation für besonders hohe und eventuell auch für besonders tiefe Temperaturen geeignet sein sollen, und zwar in den Grenzen von $-70°$ C bis $+200°$ C. Es wird sogar von einem Fall berichtet, bei welchem nach einer Laufdauer von $^1/_4$ Jahr noch keine Anstände bei den Kugellagern beobachtet werden konnten, obwohl die Lagertemperatur durch Strahlungswärme etwa 300° C betrug.

Der Preis der Silikonfette soll allerdings so hoch sein, daß sie schon deshalb nur in ungewöhnlichen Fällen verwendet werden können.

## 3.4 Laufprüfung.

Nach der Montage ist der einwandfreie Lauf zu prüfen. Meistens kann von Hand untersucht werden, ob sich die Welle leicht drehen läßt. Hemmungen können durch Fehler des Lagers oder beim Einbauen hervorgerufen sein. Wenn die Gehäuse auf voneinander unabhängigen Unterlagen montiert werden, kann eine so große Schiefstellung vorkommen, daß die Labyrinthringe schleifen. Dieser Zustand ruft hohe Temperaturen und starken Verschleiß hervor und kann sogar ein Festklemmen der Lagerung bewirken. Aus diesem Grunde ist es erforderlich, die Labyrinthgänge nach dem Zusammenbau zu untersuchen, ob an allen Stellen genügend Luft vorhanden ist.

Zu stramm sitzende Filzringe oder Ledermanschetten rufen ebenfalls ein starkes Bremsen hervor. Von Anfang an sollte daher eine zu starke Spannung schleifender Dichtungen vermieden werden. Die anschließende Prüfung muß zunächst bei möglichst geringer Drehzahl erfolgen, um irgendwelche Fehler rechtzeitig vor einer Zerstörung zu erkennen. Dann kann die Geschwindigkeit allmählich gesteigert werden, bis die betriebsmäßige Drehzahl erreicht ist.

In vielen Fällen — vor allen Dingen bei schnellaufenden Spindeln — ist die Leistungsaufnahme oder die erreichte Drehzahl ein gutes Kennzeichen für die einwandfreie Ausführung der Lagerung.

Nach Möglichkeit sollte gleichzeitig eine Temperaturkurve aufgenommen werden, um richtig beurteilen zu können, ob der Lauf der Lager einwandfrei ist. Wenn die Temperatursteigerung gleichmäßig verläuft, und die höchste Temperatur als zulässig angesehen wird, kann die Lagerung als in Ordnung befindlich betrachtet werden. Nach einer Betriebszeit von mehreren Stunden, je nach der Lagerart, wird der Höhepunkt erreicht. Dann folgt ein allmähliches Sinken der Temperatur, falls alle Teile in Ordnung sind. Wenn die Temperatur unwahrscheinlich hoch steigt, muß ein Probelauf ohne schleifende Dichtungen vorgenommen werden, um festzustellen, ob die Ursache von den Lagern ausgeht.

Als Richtlinie dafür, welche Temperatursteigerung bei Wälzlagern verschiedener Art erwartet werden kann, sind in dem Konstruktionsheft 4[1] einige Beispiele aufgeführt. Die Werte gelten für den Beharrungszustand bei eingelaufenen Lagern, bester Schmierung und durchschnittlichen Einbau- und Kühlverhältnissen.

# 4 Wartung der Wälzlager.
## 4.1 Aufgabe der Wartung.

Durch die Wartung soll der betriebsfähige Zustand der Lager so lange wie möglich erhalten werden. Es sind daher alle Einflüsse auszuschalten, die die Lebensdauer in irgendeiner Weise beeinträchtigen können. Im Gegensatz zu Gleitlagern erfordern Lager mit Rollkörpern in den meisten Fällen eine nur unbedeutende Wartung, da sie eine hohe Betriebssicherheit besitzen, wenn die Dichtung zuverlässig eine Verschmutzung verhindert. Der Bedarf an Schmierstoff ist gering. Nur in Ausnahmefällen muß der Wartung besondere Aufmerksamkeit gewidmet werden. Wenn trotzdem ausführlich auf die Maßnahmen eingegangen wird, die bei der Wartung der Wälzlager zu beachten sind, so geschieht dies, um ein „Zuviel" zu verhindern und das Gefühl für solche Fälle zu stärken, bei denen größere Vorsicht am Platze ist. Außerdem werden Wege gezeigt, um die Beschädigung eines Lagers rechtzeitig zu erkennen. Dies ist wegen der Betriebssicherheit und mit Rücksicht auf die Kosten von Bedeutung, da eine im Anfangszustand erkannte Beschädigung die Gefahr einer plötzlichen Betriebsstockung beseitigt und in den meisten Fällen die Ursache mit Sicherheit erkennen läßt, ganz abgesehen davon, daß eine Wiederinstandsetzung des Lagers ermöglicht wird. Aus diesem Grunde sind in einem besonderen Abschnitt die wichtigsten Zerstörungsursachen an Hand von Bildern erläutert.

Die Wartung der Wälzlager soll sich beziehen

auf die Beobachtung des Zustandes der Lager,
auf die Schmierung und Reinigung der Lager und
auf die Untersuchung und Instandsetzung.

[1] Gestaltung von Wälzlagerungen. Konstruktionsbuch Heft 4. Berlin: Springer 1939 (Neuauflage in Vorbereitung.).

Auch wenn bei der Laufprüfung unmittelbar nach der Montage oder bei der Ingangsetzung der Maschine ein einwandfreier Lauf der Lager festgestellt wurde, kann es zweckmäßig und manchmal sogar notwendig sein, sich laufend von ihrer einwandfreien Beschaffenheit zu überzeugen. Dies muß entweder im Betrieb oder im ausgebauten Zustand geschehen. Bei allen stationären Maschinen ist eine Kontrolle der Lager während des Betriebes in den meisten Fällen dadurch möglich, daß das Geräusch oder die Temperatur der Lager beobachtet wird.

## 4.2 Überwachen der Lager.

Durch *Abhören* der Lager kann eine gute Kontrolle ausgeübt werden. Schon ganz geringfügige Fehler sind feststellbar. Voraussetzung ist aber eine gewisse Übung, um diejenigen Geräusche ausscheiden zu können, die nicht von den Wälzlagern herrühren. Wieweit die Empfindlichkeit beim Abhören getrieben werden kann, geht daraus hervor, daß auch ganz kleine Schälungen in der Größe eines Stecknadelkopfes bei den Laufprüfungen der Wälzlagerfabriken regelmäßig entdeckt werden. Selbst wenn die vom Lauf der Wälzlager herrührenden Töne durch die übrigen Maschinengeräusche überlagert werden, ist dieses Verfahren anwendbar, weil ein geübtes Ohr meistens in der Lage ist, die Geräusche zu unterscheiden. Da die Prüfung mit ganz einfachen Mitteln vorgenommen werden kann, sollte von ihr viel mehr Gebrauch gemacht werden. Die im freien Handel käuflichen Hörrohre, die das Geräusch weitergeben, sind vielfach nicht erforderlich. Wichtig ist, daß möglichst ein und dieselbe Person ständig mit dieser Aufgabe betraut wird, damit sich das Gehör auch an feine ungewöhnliche Geräusche gewöhnt. Da die Prüfung nur eine kurze Zeit erfordert und mit einfachen, billigen Mitteln vorgenommen werden kann, wenn die Lagerstellen überhaupt zugänglich sind, sollte sie ganz besonders bei großen Lagern und solchen Lagerstellen, die für die Aufrechterhaltung eines Betriebes wichtig sind, angewendet werden. Bei ganz großen Lagern ist das Objekt in preislicher Hinsicht so bedeutend, daß es sich lohnt, eine Beschädigung im Anfangsstadium zu erkennen. Damit ist in den meisten Fällen ein Austausch des Lagers in einer den Betrieb nicht störenden Zeit und eine Instandsetzung durchführbar. Eine überraschende Stillegung der Maschine kann vermieden werden.

Eine andere Möglichkeit, den Zustand der Lager zu erkennen, besteht darin, die *Temperatur* laufend zu verfolgen. Auch dieses Verfahren läßt sich normalerweise nur bei stationären Maschinen durchführen, wenn die Betriebsverhältnisse nicht allzusehr schwanken, weil sonst ein Vergleich zu falschen Schlußfolgerungen Anlaß geben kann. Grundsätzlich sollte man sich nicht mit dem Ablesen der Temperatur zu irgendeinem Zeitpunkt begnügen, sondern die festgestellten Werte in Form einer Kurve auftragen, weil dann ein Vergleich mit einem weiter zurückliegenden Zustand möglich ist. Wenn irgendeine Störung auftritt, wird die Temperatur nicht nur höher, sondern auch unregelmäßiger. Bei betriebswichtigen Maschinen und bei großen Lagern sollte man daher neben der Abhörkontrolle die Temperaturprüfung einschalten. Sie ist besonders dann zu empfehlen, wenn das Abhören nicht durchgeführt werden kann.

Bei den meisten Fahrzeuglagern kann weder die Temperaturkontrolle, noch die Geräuschprüfung vorgenommen werden. In diesen Fällen bleibt dann nichts anderes übrig, als von Zeit zu Zeit die *Lager auszubauen* und auf ihren Zustand zu untersuchen. Dies ist immer notwendig, wenn die Betriebssicherheit durch einen Lagerschaden gefährdet ist, wie z. B. bei Achslagern von Schienenfahrzeugen. Oft kann man sich damit begnügen, die Deckel zu öffnen oder die Gehäuse zu entfernen. Wenn auch das Lager nicht vollkommen besichtigt werden kann, so ist es doch möglich, den Zustand der Rollbahnen wenigstens teilweise zu erkennen. Bei einer Schälung oder einer Ausbröckelung werden nämlich die Splitter von den Rollkörpern überwalzt und rufen feine Eindrücke hervor. Diese sind ein Zeichen dafür, daß eine weitergehende Untersuchung notwendig ist. Vor einem Ausbau des Lagers sollte man dann nicht zurückschrecken. Auch der Zustand des Fettes oder Öles kann einen Anhalt geben für bestimmte Fehler. Stark verunreinigtes Schmiermittel läßt darauf schließen, daß entweder von außen Schmutz eingedrungen oder daß ein Verschleiß in den Lagern eingetreten ist. Eine dunkle Farbe des Fettes ist an sich noch kein Beweis für eine Beschädigung, solange das Fett noch durchsichtig ist, da die Einwirkung der Temperatur oft eine Verfärbung herbeiführt. Anders ist es jedoch, wenn beim Zerreiben des Fettes auf der Hand ein schwarzer Fleck festgestellt wird. Bei einem Bruch oder einem Verschleiß mischen sich die feinen Spänchen mit dem Schmiermittel und sind in diesem deutlich erkennbar. Bei Ölschmierung kann die Kontrolle des Lagerzustandes im allgemeinen dadurch geschehen, daß das verbrauchte Öl abgelassen wird. Aus seinem Aussehen ist ein Rückschluß auf den Zustand des Lagers möglich. Diese Prüfung sollte während des Betriebes oder unmittelbar nach dem Stillsetzen der Maschine vorgenommen werden, damit die Verunreinigungen keine Zeit haben, sich abzusetzen. Aus diesem Grunde muß die Ölablaßschraube an der tiefsten Stelle des Gehäuses angebracht werden. Diese Kontrolle ist vor allen Dingen bei großen oder schwer zugänglichen Lagern zu empfehlen, über deren Zustand man laufend ein klares Bild haben möchte.

*Wenn auch in den meisten Fällen eine Kontrolle über die* **Laufzeit** *der Lager schwer durchführbar sein dürfte, soll doch an dieser Stelle auf den großen Wert einer solchen Feststellung hingewiesen werden, weil damit nicht nur Rückschlüsse auf die Zerstörungsursache, sondern auch ein Vergleich der Qualität möglich ist. Die Voraussetzung dafür ist aber, daß die Laufzeit wirklich einwandfrei festgestellt werden kann. Schätzungen sind nicht nur unbrauchbar, sondern irreführend. Irgendwelche Maßnahmen für eine Änderung können davon nicht abhängig gemacht werden. Bei wirklich einwandfreier Beobachtung würde man aber ein gutes Bild über die Streuung der Lebensdauer erhalten und Untersuchungen einleiten können über die Möglichkeiten, die eine Verbesserung in dieser Beziehung ergeben.*

## 4.3 Nachschmieren der Lager.

Die Schmierfristen bei Wälzlagern hängen von folgenden Faktoren ab:

    a) von der Lagerart,
    b) von der Drehzahl,
    c) von der Lagergröße bzw. der Schmiermittelausnutzung,
    d) von der Wirkung der Dichtung,
    e) von den Betriebsverhältnissen,
    f) von der Art und Qualität des Schmiermittels.

Je größer die Gleitreibung in einem Lager ist, um so mehr wird das Schmiermittel beansprucht. Die Reibungsarbeit hängt ab von der Form der Rollkörper und Rollbahnen und von der Höhe der Belastung. Am ungünstigsten sind in dieser Beziehung die Lager mit tonnenförmigen Rollen wegen der auch bei geringer Last vorhandenen Linienberührung zwischen den gewölbten Flächen der Rollen und Rollbahnen und der Gleitführung der Rollen an dem Führungsbord. Bei Kegellagern kommt nur die Berührung am Führungsbord zur Wirkung. Bei Zylinderlagern liegen besonders günstige Verhältnisse vor, wenn diese Lager keinen Axialdruck zu übertragen haben. Stoßweise wirkender Axialdruck wird die Reibung kaum beeinflussen. Bei ständig wirkendem Axialdruck sind ähnliche Verhältnisse wie bei Kegellagern zu erwarten. Bei Kugellagern liegt ein besonders günstiger Zustand vor wegen der geringen Schmiegung bei der üblichen spezifischen Belastung.

Die Laufzeiten zwischen zwei Nachschmierungen bei Tonnenlagern, Kegellagern und Rillenlagern verhalten sich daher etwa wie $1 : 2,5 : 5$.

Die Schmierperiode hängt außerdem von der Drehzahl des Lagers ab, d. h. von dem Grad der Beanspruchung des Fettes in der Zeiteinheit. Je geringer die Drehzahl, um so länger kann der Zeitraum sein zwischen zwei Nachschmierungen. Eine wohl ebenso große Rolle dürfte das Verhältnis zwischen der wirklich ausgenutzten Fettmenge und der Gleitfläche spielen. Die Schmierperiode muß daher länger werden bei zunehmender Lagergröße, wenn die Fettmenge nicht in gleichem Maße zunimmt. Im allgemeinen wird vorausgesetzt, daß die gesamte in einem Lagergehäuse befindliche Fettmenge für die Schmierung wirklich ausgenutzt wird. Dies ist jedoch keineswegs der Fall, da das Fett im allgemeinen so steif ist, daß es sich nicht oder nur in begrenztem Maße mischt, so daß die ganze Füllung wirklich ausgenutzt werden kann. Deshalb ist es wichtig, die Konsistenz herauszufinden, welche im Betriebszustand gerade flüssig wird.

Bei Versuchen mit Lagern für ortsfeste Elektromotoren und normale Betriebsverhältnisse wurde festgestellt, daß verhältnismäßig hoch belastete Lager in kürzeren Zeitabständen geschmiert werden müssen als gering beanspruchte Lager. Für Rollenlager waren im allgemeinen kürzere Schmierperioden erforderlich als für Kugellager. Auch die Bauart der Käfige beeinflußt die Zeit zwischen den Nachschmierungen. Gestanzte Käfige sind wegen ihres geringen Gewichtes, ihrer kleinen Gleitflächen und großen Hohlräume besonders gut für Fettschmierung geeignet und ermöglichen daher längere Schmierperioden als Massivkäfige.

Wenn die Dichtung einwandfrei arbeitet und die Drehzahl gering ist, wird ein Ersatz des Fettes nur durch seine Haltbarkeit bestimmt. In staubigen Betrieben ist eine häufige Nachschmierung angebracht. Falls die Gehäuse mit Wasser in Berührung kommen, ist eine Erneuerung des Fettes nach kurzer Zeit zweckmäßig.

Bei Lagern mit geringer Drehzahl kann das Gehäuse zur Verbesserung der Dichtung mit Fett vollgepackt und oft nachgeschmiert werden, um einen Überdruck zu erzeugen, der das Eindringen von Wasser oder Staub verhindert. Die Betriebsverhältnisse bestimmen daher sowohl die Laufzeit von einer Nachschmierung bis zur anderen als auch die Fettmenge. Es ist deshalb nicht möglich, allgemein gültige Vorschriften aufzustellen. Eine gewisse Richtlinie besteht in der Regel, daß die Fettmenge um so kleiner sein soll, je höher die Drehzahl ist. Keinesfalls ist es angebracht, mehr Fett in ein heiß laufendes Lager zu drücken, da hierdurch die entgegengesetzte Wirkung wie bei Gleitlagern hervorgerufen wird. Eine große Fettfüllung ist nur zulässig, wenn die Drehzahl gering ist und der durch die Dichtung austretende Schmierstoff keinen Schaden anrichten kann. Am besten ist es daher, für jede Lagerstelle einen Schmierplan aufzustellen, in welchem die Zeit der Nachschmierung und die Menge angegeben ist.

Die im Handel erhältlichen Fettsorten sind von unterschiedlicher Güte. Auch eine und dieselbe Marke ist nicht immer beständig. Deshalb ist es empfehlenswert, nur die von der Maschinenfabrik vorgeschlagene Fettsorte zu verwenden. Wenn keine Richtlinien vorliegen, sollte man sich an die Wälzlagerfirmen wenden, um ein brauchbares Fett zu erhalten. Entscheidend für die Wahl des einen oder anderen Fettes ist die Lagertemperatur (s. Abschn. 3.3).

Die Schmierfrist wird also von vielen Faktoren beeinflußt. Sie kann zwischen 100 und 8000 Betriebsstunden liegen. In allen Fällen sollte die richtige Zeit durch Untersuchungen festgestellt werden. Es ist immer zweckmäßig, nicht von starren Richtlinien auszugehen, sondern sich den gegebenen Verhältnissen so gut wie möglich anzupassen.

Wenn der Deckel oder die Gehäuseoberhälfte nicht zugänglich sind, müssen zum Zwecke der Nachschmierung Öffnungen vorgesehen werden, um eine Schmierpresse ansetzen zu können. Für diese Pressen werden besondere Nippel geliefert, die sich unter dem Druck des Fettes öffnen und unter Federdruck wieder schließen, sobald der Druck zurückgeht. Beim Ansetzen der Schmierpresse sind die Nippel vorher zu reinigen, damit der darauf sitzende Staub nicht in das Lagergehäuse gedrückt wird. Schmierschrauben sollten an einem Kettchen gesichert sein, da bei einem Verlust damit zu rechnen ist, daß sie lange Zeit nicht ersetzt werden. Ganz besondere Vorsicht ist geboten, wenn die Gehäuse geöffnet werden müssen. Dann sollte die Außenfläche erst mit einer Drahtbürste gereinigt werden. Offenstehende Gehäuse sind sorgfältig vor Staub und Feuchtigkeit zu schützen.

Die meisten Schmiergeräte sind als Hochdruckpressen ausgebildet, bei denen der Druck nur unter Verwendung eines Differentialkolbens mit einer Kolbenfläche von etwa $\frac{1}{4}$ cm² erreicht werden kann. Das Schmiervermögen derartiger Pressen ist daher ziemlich gering, etwa 1 ccm je Kolbenhub. Zur Schmierung von Wälzlagern genügt im allgemeinen ein Druck von 2···3 at. Nur in einzelnen Fällen ist es notwendig, das Fett durch Kanäle oder Rohrleitungen zu drücken. Dann dürfte der erforderliche Druck kaum mehr als 50 at betragen. Diesen Verhältnissen wird die in Abb. 65 dargestellte Schmierpresse gerecht, da sowohl mit 3 at als auch mit 50 at gearbeitet werden kann, mit den letzteren, wenn das auf der Kolbenspindel befindliche Gewinde in Eingriff gebracht wird. Durch das Drehen der Riffelscheibe $a$ um 180° nach rechts oder links läßt sich die Spindel ein- oder ausrücken. Ist die Spindel ausgeschaltet, dann kann der Kolben mittels des Griffes $b$ von Hand verschoben und eine große Schmiermittelmenge gefördert

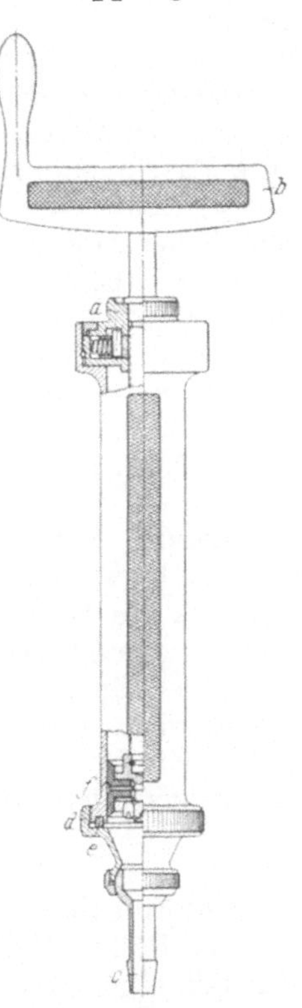

Abb. 65. Schmierpresse für 3 at und 50 at.

werden. Für einen Druck von mehr als 3 at kann die Schmierpresse durch einige einfache Handgriffe umgestellt werden. Die Schmierpresse wird daher gewöhnlich mit je einer Düse für Niederdruck und Hochdruck geliefert. Sie faßt etwa 200 g.

Bei Ölschmierung liegen die Verhältnisse einfacher. Wird ein Tropföler verwendet, so muß dafür gesorgt werden, daß im Anfang die richtige Menge eingestellt wird. Läuft das Öl um, so kommt es ebenfalls darauf an, schon bei der Inbetriebsetzung der Maschine die Schmiermittelmenge so zu regeln, daß der günstigste Zustand erzielt wird. In den meisten Fällen ist es zweckmäßig, einen Ölstandsanzeiger anzubringen, der die kleinste und größte zulässige Menge erkennen läßt. Dabei darf man nur vom Stillstand der Maschine ausgehen, weil ein großer Teil des Öles in das Lager hineingezogen wird, sobald die Maschine in Betrieb gesetzt wird. Wenn die Ölmenge weder durch einen Ölstandsanzeiger noch durch einen Tropfölbehälter zu erkennen ist, muß darauf geachtet werden, ob die Dichtung einwandfrei arbeitet. Ist dies der Fall, dann kann die zur Verfügung stehende

Ölmenge lange Zeit benutzt werden. Ein interessantes Beispiel dafür ist die Spinnspindel, bei welcher eine Füllung für 5000 Betriebsstunden genügt, trotzdem die Drehzahl etwa 10 000 U/min beträgt. In diesem Falle werden also ohne Nachfüllung 3000 Millionen Umdrehungen erreicht. Bei Lagerstellen in staubigen Betrieben müssen die Labyrinthgänge von Zeit zu Zeit mit Fett gefüllt werden. Diese Schmierung ist unabhängig von der der Lager und muß in viel kürzeren Zeiträumen erfolgen, weil das nachgedrückte Fett den Spalt ausfüllen und verschmutztes Fett wieder herausdrücken soll. Die Nachschmierung des Labyrinths muß aber während der Drehung vorgenommen werden, da sonst nur der in der Nähe des Schmierloches liegende Teil des Spaltes neues Fett erhält.

Die für die Schmierung günstigste *Ölsorte* wird meistens von seiten des Herstellers der Maschine vorgeschrieben. Wenn dies nicht der Fall ist, kann jedes gute Maschinenöl zur Anwendung kommen. Eine Schwierigkeit bei der Beschaffung besteht nicht, weil genügend brauchbare Ölsorten auf dem Markte sind. Bei sehr hoher Drehzahl und hoher Temperatur sind Sonderöle erforderlich. In dem ersteren Falle kommen sog.Spindelöle und in dem letzteren Heißdampfzylinderöle in Betracht, deren genaue Charakteristik von den Herstellern der Maschine angegeben werden sollte.

Bei Ölschmierung ist ein Ausbau der Lager zum Zwecke der *Reinigung* nicht erforderlich, weil es möglich ist, die Lager während des Betriebes oder im Leerlauf gründlich mit leichtflüssigem Öl durchzuspülen. Meistens genügt es sogar, das verbrauchte Öl durch neues zu ersetzen. Die Lager sollten daher bei Ölschmierung nur ausgebaut werden, wenn der Zustand des Lagers einwandfrei festgestellt werden muß.

Falls die Dichtung eine Verschmutzung des Schmiermittels zuverlässig verhindert, genügt das Nachpressen von neuem Fett, solange das alte noch brauchbar ist. Die Reinigung ist nicht zu umgehen, wenn irgendeine Verschmutzung beobachtet wird, weil sich sonst nach kurzer Zeit Verschleiß bemerkbar macht. Man sollte sich dann nicht damit begnügen, das alte Fett zu entfernen, sondern das Lager ausbauen und gründlich säubern.

## 4.4 Lagerschäden und ihre Ursachen.

**4.40 Einleitung.** Als Ursache für die Zerstörung von Wälzlagern werden in den meisten Fällen Werkstoff- oder Herstellungsfehler angenommen. Jahrelange, eingehende Untersuchungen haben jedoch gezeigt, daß die Güte des Werkstoffes und die Sorgfalt bei der Herstellung der Wälzlager einen hohen Grad von Vollkommenheit erreicht haben. Da es auch für den Verbraucher von großer Wichtigkeit ist, die Ursachen der häufigsten Schäden zu kennen, sollen im folgenden an Hand von Bildern typische Fälle gezeigt und ihre Ursache und Wirkung beschrieben werden. Sicherlich ist es für eine Maschinenfabrik wichtiger, die Fehler wirklich zu erkennen, um ähnliche Beanstandungen zu vermeiden, als für das eine oder andere Lager kostenlos Ersatz zu erhalten, durch den zwar der Einzelfall kaufmännisch erledigt ist, ohne aber die Ursache des Übels beseitigt zu haben.

Oft stößt man auf die Ansicht, daß die Gefahr eines Bruches der Rollkörper sehr groß ist. Demgegenüber kann darauf hingewiesen werden, daß die Bruchfestigkeit 20···30mal so hoch ist wie die größte Belastung einer Kugel unter normalen Verhältnissen. Schon STRIBECK fand, daß die Bruchlast in keinem Verhältnis steht zur Tragfähigkeit der Lager. Wenn Brüche von Kugeln oder Rollen vorkommen, so ist dies in den weitaus meisten Fällen die Folgeerscheinung einer anderen Beschädigung.

**4.41 Schälung.** Die wichtigste, aber nicht häufigste Erscheinung ist die durch normale Werkstoffbeanspruchung eintretende Ermüdung. In Abb. 66 ist der Anfangszustand einer solchen Ermüdung zu sehen. Sie wird mit Schälung bezeichnet, weil sich zuerst an einer örtlich begrenzten Stelle innerhalb der Rollspur eine dünne Schicht der Oberfläche ablöst. Es handelt sich zunächst um einen ganz winzigen Werkstoffeinbruch, der sich jedoch bald verbreitert und schließlich über die ganze Belastungszone im Bereich der Rollspur verläuft. Der Beginn der Schälung wird in den wenigsten Fällen rechtzeitig erkannt, obwohl es bei einiger Übung möglich ist, solche Fehler durch Abhören früh genug zu entdecken. Meistens ist die Beschädigung schon so weit fortgeschritten, daß die eigentliche Ursache nicht mehr gefunden werden kann, um so weniger, als auch die übrigen Teile des Lagers sofort in Mitleidenschaft gezogen werden.

Abb. 66. Schälung bei dem Innenring eines Rillenlagers.

In vielen Fällen tritt die Werkstoffermüdung vor der rechnungsmäßig zu erwartenden Lebensdauer ein, wenn durch äußere Einflüsse, z. B. Bearbeitungs- oder Einbaufehler, verhältnismäßig hohe Zusatzbela-

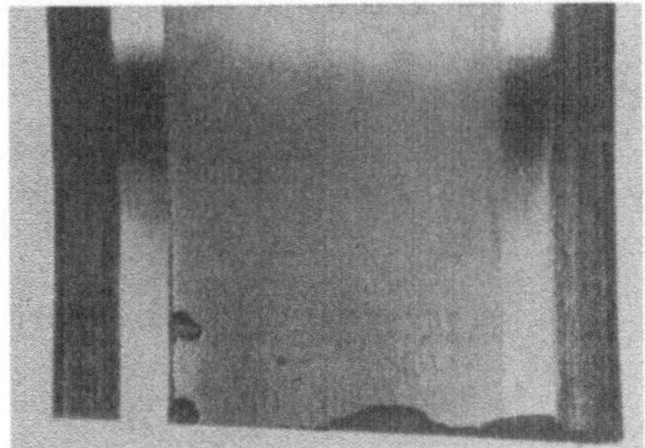

Abb. 67. Beginn der Schälung am Rande der zylindrischen Rollspur eines Außenringes.

Abb. 68. Weiter fortgeschrittene Schälung am Rande der zylindrischen Rollspur eines Außenringes.

stungen hervorgerufen werden. In den Abb. 67 und 68 sind die Rollbahnringe von Zylinderlagern gezeigt, bei denen die Schälung durch Kantenbelastung entstanden ist, offenbar infolge nicht gleichachsiger Lage der Sitzflächen. Man sieht deutlich, daß die Zerstörung von der Kante der Rollbahn ausgegangen ist. Solche Fehler können bereits nach kurzer Laufzeit erkannt werden, da sich die Rollspur infolge der ungleichmäßigen Lastverteilung an der einen Kante stärker ausprägt. Derartige Fehler wirken sich besonders bei solchen Lagern aus, die keine Schiefstellung der Welle zulassen. Bei Verwendung von starren Rollenlagern ist daher besondere Sorgfalt auf die Bearbeitung der Zubehörteile, auf die Montage und auf die Vermeidung von Wellenbiegungen zu legen, da schon geringfügige Abweichungen zu hohen Kantenbelastungen und damit zu frühzeitiger Ermüdung des Werkstoffes führen können. Bei Zylinderlagern und Kegellagern mit einem schwachballigen Rollbahnring ist diese Gefahr behoben. Vorzeitige Ermüdung des Werkstoffes kann auch eintreten, wenn die Lager in Achsrichtung oder radial verklemmt werden. Die Folge hoher axialer Belastung ist aus der Abb. 69 zu erkennen.

Abb. 69. Ringsherum laufende, seitlich versetzt liegende Schälung bei einem Innenring mit Füllnut.

Die durch die Schälung deutlich sichtbare Rollspur liegt stark nach der einen Se<sup></sup>te versetzt im Bereich der Füllnut. Bei ovalverklemmten Ringen liegen die Schälungen an gegenüberliegenden Stellen, wie aus der Abb. 70 zu ersehen ist. Die Gefahr einer solchen Beschädigung ist besonders groß bei geteilten Gehäusen, wenn die Bohrung kleiner ist als der Mantel des Außenringes. Derartige Gehäuse sind daher nur verwendbar, wenn ein loser Sitz der Außenringe zulässig ist.

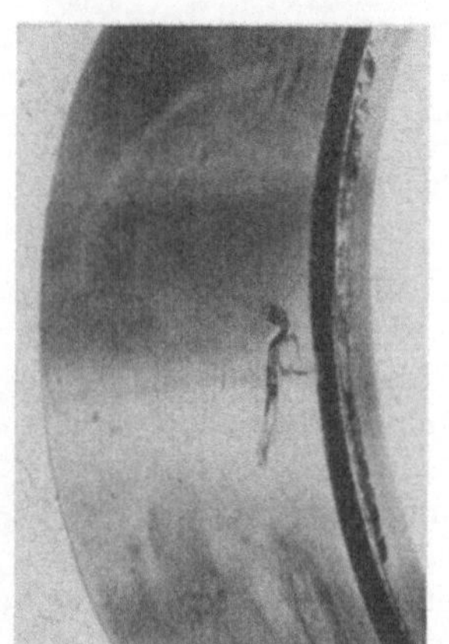

Abb. 70. Diametrale Schälungen in der Rollbahn eines Pendellager-Außenringes (links Spiegelbild).

Wie notwendig es ist, daß die Ringe möglichst gleichmäßig am ganzen Mantel aufliegen, zeigen die Abb. 71 und 72. Infolge Unachtsamkeit beim Einbau wurde ein großer Span zwischen Außenring und Gehäuse nicht entfernt. Die Form desselben ist am Mantel deutlich abgezeichnet. Da die Aufnahme der Belastung nur an dieser Stelle erfolgen konnte, zeigte sich nach ganz kurzer Zeit in der Rollbahn eine Schälung, die von der Stelle der höchsten Beanspruchung unterhalb des Spanes ausgeht und sich entsprechend dem Druckverlauf nach der anderen Seite zu verkleinert. Neben der Schälung sind viele feine Vertiefungen zu sehen. Es handelt sich um Überwalzungen einzelner Splitter, die aus der Schälungszone stammen. Ähnliche Beschädigungen müssen erwartet werden, wenn der Außenring infolge schlechter Bearbeitung des Gehäuses ungenügend unterstützt wird.

Die Rollbahnringe von Ring-Zylinderlagern können gegenseitig verschoben werden, ohne daß eine Vergrößerung der Luft eintritt. Hierin liegt ein wichtiger Vorteil, aber auch eine große Gefahr für eine Verletzung der Rollbahnen, wenn die Ringe bei der seitlichen Bewegung verkantet werden.

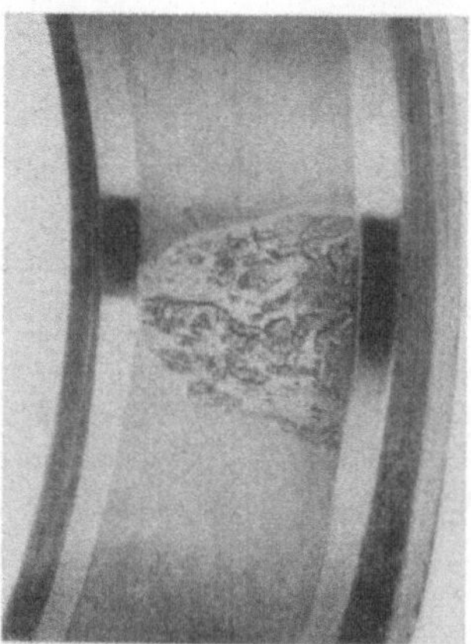

Abb. 71. Abdruck eines Spans auf dem Mantel eines Zylinderlagers.

Abb. 72. Der Lage des Spans Abb. 71 entsprechende Schälung.

Eine ganz besondere Sorgfalt ist bei der Montage dieser Lager erforderlich, wenn die Rollbahnringe gleichzeitig mit anderen Teilen zusammengebaut werden, und ein genaues Ausrichten schwierig ist. Werden die Rollen verkantet auf der Rollbahn verschoben, dann sind Beschädigungen, wie sie in Abb. 73 dargestellt sind, nicht zu vermeiden. Selbst wenn die Verletzungen geringfügig sind, führen sie bald zu Schälungen, die sich mehr und mehr verbreitern (Abb. 74). Es kann daher nicht dringend genug angeraten werden, bei der Montage von Zylinderlagern äußerst vorsichtig zu sein.

Wenn über den Außenring und die Kugeln auf den Innenring gedrückt wird, bilden sich leicht in den Rollbahnen kleine Dellen. Die Gefahr einer solchen Beschädigung der Rollbahnen liegt dann besonders nahe, wenn das Lager beim Einbau verkantet wird und infolgedessen zum Aufpressen große Kräfte erforderlich sind. Vorsicht ist auch geboten, wenn beide Rollbahnringe mit Rücksicht auf die Betriebsbedingungen verhältnismäßig stramm sitzen müssen. Die kleinen Vertiefungen rufen zunächst ein starkes Geräusch hervor und führen später zu Schälungen. Diese Beschädigung tritt besonders leicht bei Lagern ein, die eine seitliche Anstellung auf Grund ihrer Konstruktion bedingen, wie z. B. Schulterlager und Schräglager.

Eine andere Ursache für vorzeitige Werkstoffermüdung liegt in dem Überwalzen von Fremdkörpern. Dabei können an den betreffenden Rollbahnstellen außerordentlich hohe spezifische Belastungen auftreten. Entweder führt dies zu einem Eindruck entsprechend der Größe des Fremdkörpers oder zu einem Einbruch in Form einer Ausbröckelung. Befinden sich viele solcher Fremdkörper in einem Lager, dann wird im Laufe der Zeit die Zahl der Eindrücke so groß, daß der Rest der Rollbahn nicht mehr genügt,

Abb. 73. In Rollenabstand liegende Verletzungen der Rollbahn eines Innenringes.

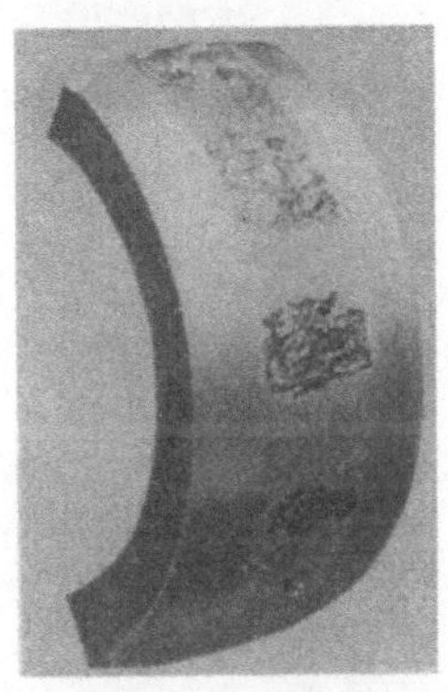

Abb. 74. Weit fortgeschrittene Ausbröckelung der beim Einbau verletzten Stellen der Rollbahn.

um den Beanspruchungen standzuhalten. Es ist daher erforderlich, die Gehäuse und alle Zubehörteile vor dem Einbau sorgfältig zu reinigen und zu entgraten und das Eindringen von Spänen zu verhindern.

**4.42 Verschleiß.** Viele Lager werden durch Verschleiß zerstört. Hierbei handelt es sich nicht um eine Schälung oder Ausbröckelung der Oberfläche, sondern um eine ganz allmählich, aber dauernd wirkende Schmirgelung, die durch Staub oder irgendwelche anderen feinen Fremdkörper hervorgerufen werden kann. Wie stark die Wirkung ist, zeigt Abb. 75. Hier ist im Laufe der Zeit bei einem Dreschmaschinenlager zweifellos durch *Verschmutzung* des Schmiermittels ein derartig großer Verschleiß eingetreten, daß die Rillen und Kugeln um mehrere Millimeter kleiner geworden sind. Im allgemeinen wird der Verschleiß gleichmäßig in der ganzen Belastungszone auftreten, wie z. B. bei dem Außenring Abb. 76. An den Seitenflächen von Rollen zeigt sich der Verschleiß besonders stark, wie die Zylinderrollen Abb. 77 erkennen lassen, weil hier reine Gleitreibung vorliegt. Der Verschleiß ist nicht nur an dem vergrößerten Spiel erkennbar, sondern auch an dem matten Aussehen der Rollspur. Würde die starke Wirkung einer nur geringen Verschmutzung in ihrer Bedeutung genügend bekannt

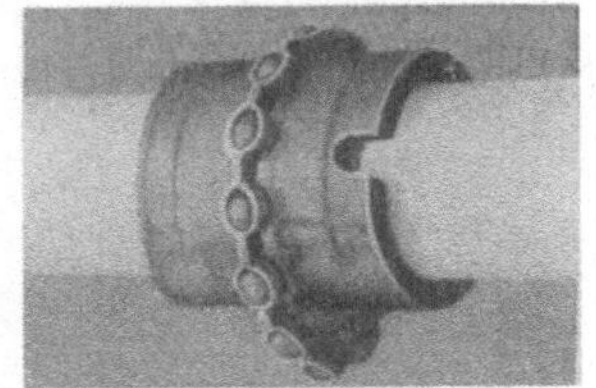

Abb. 75. Starker Verschleiß der Rille und der Kugeln bei einem Dreschmaschinenlager.

sein, so würde sicherlich mehr Wert auf eine zweckmäßige Dichtung gelegt werden. Leider wird oft angenommen, daß es sich um eine nicht genügende Härte des Werkstoffes handelt. Demgegenüber sei darauf hingewiesen, daß bei einwandfreiem Schmiermittel und normaler Belastung eines Wälzlagers selbst im Laufe vieler Jahre kein meßbarer Verschleiß beobachtet werden kann.

Abb. 76. Verschleiß in der Rollbahn eines Pendellager-Außenringes.

Abb. 77. Verschleiß an den Seitenflächen von Rollen.

Verschleißfördernde Teile können auch entstehen, wenn sich *Rost* auf den Rollbahnen bildet, der mit Öl oder Fett vermischt als Schmirgel wirkt. Die Rostpunkte sind dann natürlich nicht mehr an dem

Abb. 78. Rost und Verschleiß in der Rollbahn eines Kegellagers.

darauf sitzenden Roststaub zu erkennen, sondern als tiefe Narben in der Rollspur (Abb. 78). Es ist nur wenig bekannt, daß sich Schmirgel im Lager selbst bilden kann. Bei lose sitzenden Rollbahnringen bildet sich Reibrost, der ebenfalls ein vortreffliches Schmirgelmittel (Polierrot) darstellt. Solange sich die Rollbahnringe im Gehäuse oder auf der Welle nicht drehen, ist dieser Reibrost ungefährlich, da er dann nur eine geringfügige Veränderung der Oberfläche herbeiführt. In den Fällen jedoch, wo die Ringe „wandern", wird diese Erscheinung zu einer großen Gefahr für die Lager, weil dann die infolge der Gleitbewegung auftretende Schmirgelwirkung schon nach kurzer Zeit einen starken Verschleiß der Sitzflächen hervorruft. Die abgeschabten äußerst feinen Eisenteile, ebenso wie der Reibrost selbst, vermischen sich mit dem Fett und dringen auf diese Art und Weise auch in das Innere des Lagers ein, wo sie naturgemäß nach kurzer Zeit, vor allen Dingen an den unter Gleitung stehenden Flächen, Abnutzungserscheinungen zur Folge haben.

Verschleiß kann nicht nur durch die Einwirkung von Schmirgel entstehen, sondern auch durch ungenügende Schmierwirkung infolge zu hoher Belastung oder schlechten Schmiermittels. Auch dieser Einfluß zeigt sich zuerst an denjenigen Stellen, die einer Gleitreibung ausgesetzt sind, also vor allem an den Gleitbahnen der Borde und Rollenseiten.

Bei der Abb. 79 handelt es sich um 3 Bordscheiben von Rollenlagern, die an der gleichen Stelle (Ritzellagerung) bei ungenügender

Abb. 79. Starke Erwärmung und Verschleiß an der Anlagefläche von Bordscheiben.

Schmierung zu hohem Axialdruck ausgesetzt waren und je nach der Laufzeit einen mehr oder weniger großen Verschleiß zeigen, dem eine starke Erwärmung und Enthärtung vorausging.

Eine außergewöhnlich starke Verformung bei großem Verschleiß zeigt das Zylinderlager Abb. 80. Die Rollen wurden zu Kugeln gewalzt. Mangelnde Schmierung bei zu hoher Temperatur ist wahrscheinlich die Ursache dieser Beschädigung.

In einigen Fällen ist der Verschleiß mit *Riffelbildung* verbunden. Die Abb. 81 kann als Beweis dafür dienen, welche Beschädigung eine auch noch so feine Verschmutzung des Schmiermittels herbeiführen kann. Hier handelt es sich um die Scheibe eines Scheiben-Kegellagers, das in einer Kohlenstaubmühle eingebaut war. Infolge des durch den Verschleiß entstandenen zu großen Spieles

Abb. 80. Enthärtung, Verformung und Verschleiß eines Zylinderlagers, Rollen zu Kugeln verformt.

Abb. 81. Verschleiß und Riffelbildung in der Rollbahn eines Scheiben-Kegellagers

haben die Erschütterungen der Maschine um den ganzen Umfang herum tiefe Riffeln erzeugt.

Werden Wälzlager im Stillstand Erschütterungen ausgesetzt, so bilden sich nach kurzer Zeit muldenförmige Vertiefungen an den Berührungsstellen. Die Abb. 82 und 83 zeigen einen Rollbahnring und Rollbahnscheiben, die auf diese Art und Weise zerstört wurden. Die Mulden liegen immer im Abstand der Rollkörper. Wenn diese nach einer gewissen Laufzeit nicht wieder an dieselbe Stelle zurückkommen, bilden sich bei dem nächsten Stillstand neue Mulden neben den alten, die aber auch wieder genau im Abstand der Rollkörper liegen (Abb. 84). Die Anzahl der Mulden oder Riffeln ist bei diesem Innenring sehr groß, da immer wieder andere Stellen der Rollbahn den Erschütterungen ausgesetzt wurden. Wie empfindlich die Wälz-

Abb. 82. Muldenförmige Vertiefungen in der Rollbahn eines Pendellager-Außenringes.

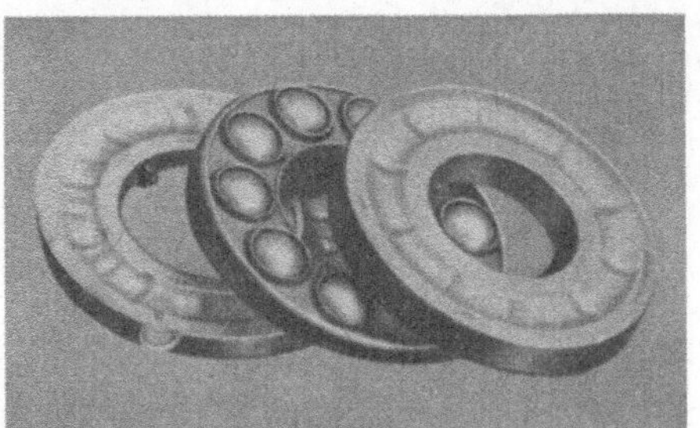

Abb. 83. Dellen in den Rillen von Rollbahnscheiben.

Abb. 84. Riffelbildung durch sehr zahlreiche Mulden bei einem Zylinderlager-Innenring.

lager gegen solche Erschütterungen im Stillstand sind, geht daraus hervor, daß sich sogar beim Bahntransport von Elektromotoren solche Mulden gebildet haben. Besonders häufig war die Erscheinung bei Lüftermotoren und Kompressormotoren, die auf fahrenden Lokomotiven zeitweise stillstehen. Auch bei Motoren, die als Reserve auf einem im Betrieb befindlichen Kran aufgestellt waren, zeigten die Rollbahnen nach kurzer Zeit derartige Mulden.

Die Ursache dieser Beschädigung liegt nicht etwa, wie vielfach angenommen wird, in ungenügender Härte der Rollbahnringe. Es ist auch nicht eine dauernde Verformung infolge zu hoher Drücke, sondern Verschleiß, hervorgerufen durch die mit den Erschütterungen zusammenhängenden Gleitbewegungen der Rollkörper an einer Stelle. Die Fläche der Mulde ist nämlich nicht wie bei Eindrücken blank, sondern matt wie bei der Einwirkung durch Verschleißpartikel. Leider ist es sehr schwierig, solche Beschädigungen zu vermeiden. Am geeignetsten ist es, die Maschinen auch dann, wenn sie keine Arbeit zu leisten haben, mit geringer Geschwindigkeit laufen zu lassen.

Abb. 85. Riffelbildung als Folge von Stromdurchgang.

**4.43 Stromdurchgang.** Die Abb. 85 zeigt eine große Ähnlichkeit mit den Erscheinungen, die in der Abb. 84 wiedergegeben sind. Die Riffeln sind aber gleichmäßiger und liegen in einer dunkel gefärbten Rollspur. Es handelt sich um die Wirkung von Stromdurchgang bei einem Straßenbahnachslager. Bei Triebwagen kann der Strom unmittelbar durch die Tatzenlager abgeleitet werden. Bei Anhängewagen dagegen muß der etwa am Untergestell geerdete Strom durch die Achslager gehen. Daher findet man die meisten Lager mit Riffelbildung bei dieser Wagenart. Die Lager Abb. 86 und 87, die ebenfalls Riffelbildung zeigen, stammen aus einem Gleichstrom-Vertikal-Generator, der einen Wicklungsdefekt besaß. Die Erfahrung zeigt, daß diese Erscheinung nur bei Gleichstrom auftritt. Sie wird wahrscheinlich dadurch erzeugt, daß der auch bei Wälzlagern vorhandene Schmierfilm in seiner Dicke je nach der Belastungshöhe schwankt. An den Stellen

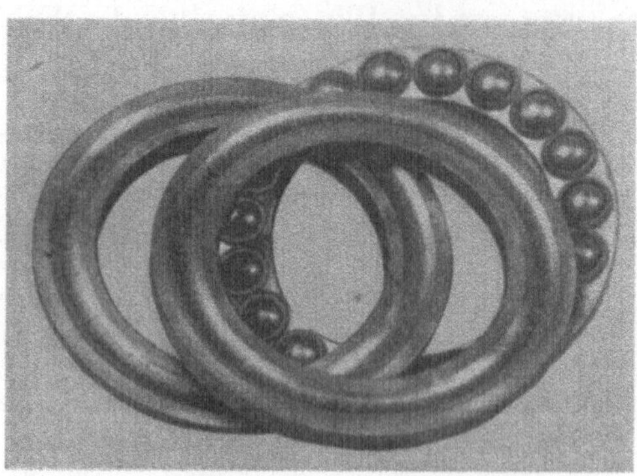

Abb. 86. Riffelbildung bei einem Scheiben-Rillenlager als Folge von Stromübergang.

Abb. 87. Riffelbildung bei einem Rillenlager-Innenring als Folge von Stromübergang.

geringster Dicke findet der Stromübergang statt und erzeugt eine große Anzahl feiner Krater, die eine so bedeutende Unterbrechung der Rollbahn darstellen, daß eine Eindrückung an dieser Stelle die Folge ist. Um derartige Schäden zu vermeiden, ist es notwendig, für besondere Stromableitung Sorge zu tragen.

Bei Wechselstrom erzeugt der Stromdurchgang eine Anzahl winzig kleiner Krater, die wie Perlenschnüre in Richtung der Rollbahn aneinander gereiht sind (Abb. 88). Geht der Stromübergang plötzlich vor sich infolge irgendeines Fehlers der elektrischen Ausrüstung, so bilden sich, wie aus der Abb. 89a hervorgeht, örtliche Beschädigungen offenbar als Folge der bei dem Stromübergang erzeugten hohen Wärme. Die eigenartig gekrümmte Spur auf den Rollen läßt deshalb mit Sicherheit auf Stromübergang schließen, weil das Spiegelbild auch auf einem der Ringe in derselben Größe und Form zu finden ist. Betrachtet man die zickzackförmigen Verletzungen unter starker Vergrößerung, kann man erkennen, daß der Werkstoff an dieser Stelle geschmolzen ist (Abb. 89b). Es muß also eine sehr hohe Temperatur beim Stromübergang entstanden sein.

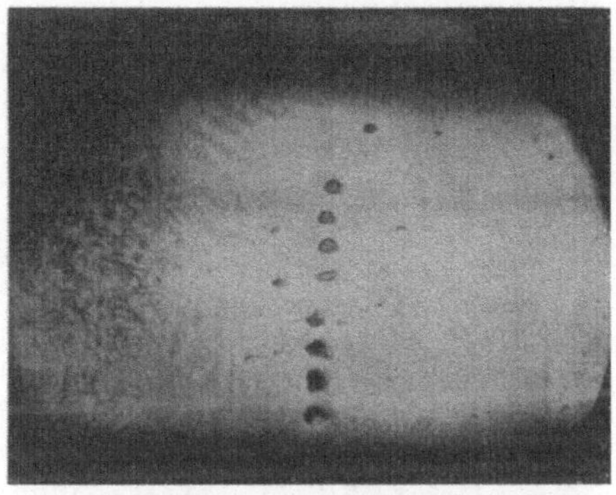

Abb. 88. Krater, perlschnurartig als Folge von Stromübergang (Vergrößerung).

**4.44 Risse.** Das Vorhandensein von Reibrost ist immer ein Zeichen dafür, daß eine *Bewegung* zwischen Außenring und Gehäuse oder Innenring und Welle an dieser Stelle stattgefunden hat. Solche Bewegungen können dann eintreten, wenn die Ringe nicht auf der ganzen Fläche gut aufliegen. Eine vollkommene Übereinstimmung wird natürlich nie zu erreichen sein. Trotzdem sollte danach gestrebt werden, möglichst genaue Flächen zu erzielen, da sonst die Tragfähigkeit der Lager wesentlich vermindert werden kann. Wird ein Ring an einer Stelle nicht unterstützt, muß er unter der Belastung federn; hiermit ist eine Werkstoffbeanspruchung verbunden, für welche die Lager nicht bemessen sind. In Umfangsrichtung der Rollbahnringe sich hinziehende Risse (Abb. 90) sind meistens eine Folge schlechter Sitzflächen.

Beim „Wandern" der Rollbahnringe können sog. *Gleitrisse* entstehen. Innenring und Welle oder Außen-

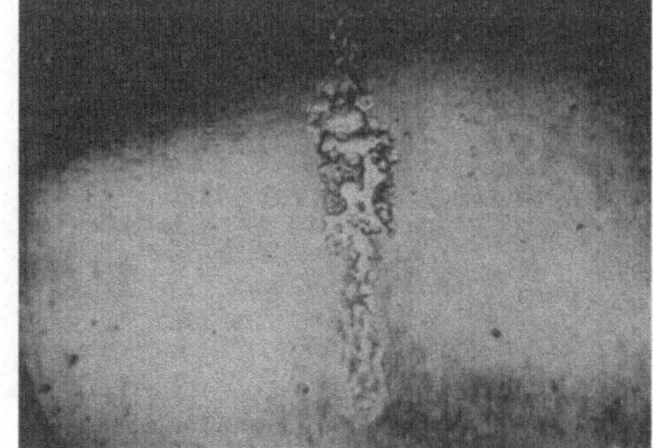

a natürliche Größe      b sehr starke Vergrößerung
Abb. 89. Zickzackartige Beschädigung der Mantelfläche zweier Zylinderrollen durch Stromübergang.

ring und Gehäuse bewegen sich unter fast trockener Reibung, da nicht genügend Öl zwischen diese Flächen dringt. Durch die hohe örtliche Erwärmung werden in den gehärteten Ringen Spannungen ausgelöst, die sog. Gleitrisse zur Folge haben. Da diese kaum sichtbar sind, werden sie als Zerstörungsursache oft nicht erkannt. Es ist dies besonders gefährlich, wenn Ringe beim „Wandern" unter hohem seitlichem Druck an einer verhältnismäßig kleinen Fläche eines Wellenansatzes oder eines Abstandsringes zur Anlage kommen. Die Abb. 91 zeigt einen Ring, der durch Gleiten an einem stillstehenden Teil mit einer großen Anzahl von Gleitrissen bedeckt ist, welche durch Ätzen sichtbar gemacht wurden. Es ist daher notwendig, das „Wandern" der Ringe durch die Wahl einer richtigen Passung zu verhindern. Bei Scheibenlagern bewegt sich die kugelige Scheibe, sobald die beiden Scheiben nicht parallel stehen. Diese Bewegung geht unter hoher Belastung, aber schlechter Schmierung vor sich. Auch bei solchen Lagern können daher Gleitrisse entstehen.

Abb. 90. Ermüdungsriß in Umfangsrichtung in der Rollspur mit schon eingetretener Schälung.

Rißbildung kann aber auch als Folge von *Herstellungsfehlern* eintreten. Die Abb. 92 zeigt in der Rollspur ein Nest feiner Risse als Folge einer zu hohen örtlichen Temperatur beim Schleifen. Es handelt sich um einen Herstellungsfehler, der bei der Kontrolle nicht bemerkt wurde, da die außerordentlich feinen Risse erst durch das Überwalzen sichtbar wurden. Ob es sich tatsächlich um Schleiffehler handelt, kann durch Ätzen festgestellt werden. Die so verbrannte Stelle hebt sich dann mit dunkler Färbung deutlich von der übrigen Schleiffläche ab.

Die Abb. 93 zeigt einen quer zur Rollbahn liegenden Riß und parallel dazu einen Anriß. Hier handelt es sich offenbar um einen *Werkstoffehler*.

**4.45 Rost — Reibrost.** Es ist allgemein bekannt, daß Wälzlager zum Schutz gegen Verrosten gut abgedichtet werden müssen. Rost vermindert die Tragfähigkeit des Lagers insofern, als die angefressenen Stellen eine Verringerung der Tragfläche bedeuten. Gleichzeitig vermischt sich aber der Rost mit dem Fett und übt eine starke Schmirgelwirkung aus, die nach kurzer Zeit zum Unbrauchbarwerden

Abb. 91. Gleitrisse (stark vergrößert).

Abb. 92. Schleifrisse in der Rollbahn eines Zylinderlager-Innenringes.

des Lagers führt. Die Abb. 94 und 95 zeigen Lagerteile, die durch Rost angegriffen bzw. zerstört wurden. Die Roststellen auf den Rollbahnscheiben (Abb. 94) wurden in einer Nacht durch einige Wassertropfen hervorgerufen, nachdem die eingefetteten Scheiben leicht abgewischt, aber nicht trocken waren. In der Abb. 96 ist

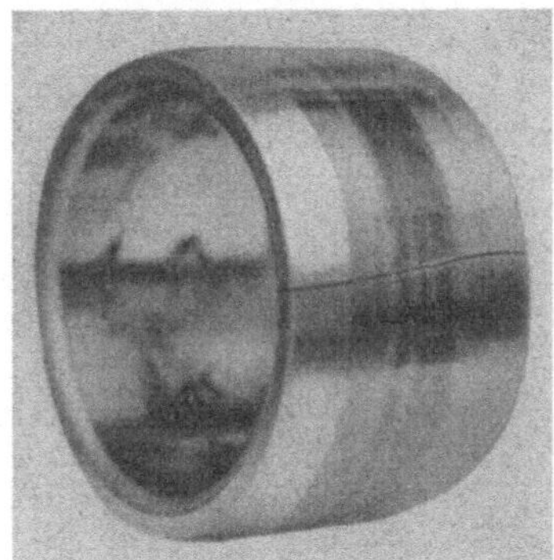

Abb. 93. Riß und Anriß in dem Innenring
eines Zylinderlagers.

Abb. 95. Korrosion in und neben der
Rollspur eines Tonnenlagers.

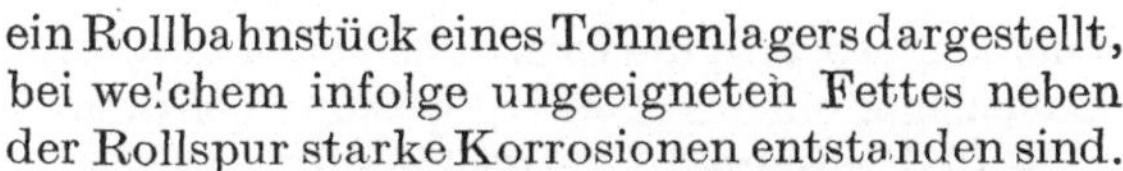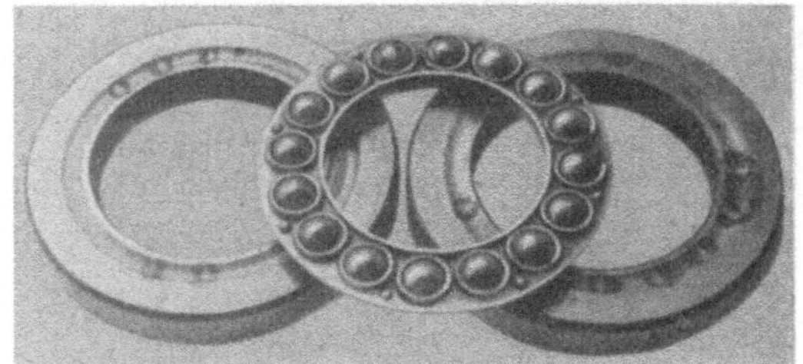

Abb. 94. Verrostete Rollbahnen von Scheiben.

ein Rollbahnstück eines Tonnenlagers dargestellt, bei welchem infolge ungeeigneten Fettes neben der Rollspur starke Korrosionen entstanden sind.

Das Aussehen des Reibrostes auf den Sitzflächen eines Zapfens zeigt Abb. 97. Da an den Roststellen keine innige Berührung vorhanden ist, federn die Ringe, und ein ent-

Abb. 96. Sehr stark verrostete Kugeln.

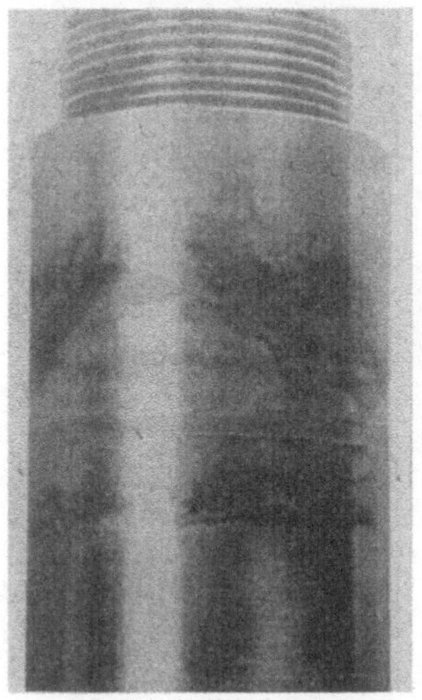

Abb. 97. Reibrost auf der
Sitzfläche eines Zapfens.

Abb. 98. Stark poröse Mantelfläche
einer Rolle.

sprechender Teil der Tragfähigkeit geht verloren, außerdem besteht Gefahr für Ringbruch und Verschleiß. In manchen Fällen werden Wälzlager wegen ungenügender *Härte* beanstandet. Tatsache ist jedoch, daß gerade dieser Fehler außerordentlich selten vorkommt, da bei der Herstellung der Lager die Härtung mit großer Sorgfalt vorgenommen und dauernd kontrolliert wird. Sind Ringe oder Rollkörper nicht genügend hart, so wird die Oberfläche nach kurzer Zeit stark porös. In der Abb. 98 ist ein Rollenlager ohne Außenring gezeigt, bei dem eine Rolle ungenügende Härte besaß.

**4.46 Freßspuren — Anschmieren.** Infolge der Zentrifugalkraft haben die Kugeln von Scheibenlagern das Bestreben, sich radial nach außen zu bewegen. Ist die Belastung nicht groß genug oder wird die Kugelreihe zeitweise entlastet, wie es bei zweiseitig wirkenden Scheibenlagern oft der Fall ist, dann können die Kugeln, soweit es das Spiel im Käfig zuläßt, radial ausweichen, um plötzlich wieder von den

Abb. 99. Freßspuren am Rande der Rollspur einer Rollbahnscheibe.

Abb. 100. Freßspuren auf dem Mantel einer Zylinderrolle.

Rillen gefaßt zu werden. Die dabei entstehende Gleitung verursacht ein Fressen, das mit „Anschmieren" bezeichnet werden kann. Es wird dabei Werkstoff von der einen Fläche abgerissen und auf die andere aufgetragen. Die Abb. 99 zeigt, wie diese feinen Freßspuren in der Rollbahn bogenförmig aus der eigentlichen Rollspur heraustreten. Bei der Inbetriebsetzung von Maschinen muß von vornherein für eine gute Schmierung der Wälzlager gesorgt werden, weil sonst leicht ein Fressen der Rollbahnen eintritt, vor allen Dingen, wenn die Maschine schnell in Gang gesetzt wird. Auch die starke Bremswirkung von steifem Fett kann diese Wirkung hervorrufen. Der aufgerauhte „angeschmierte" Streifen in der Mitte der Rolle (Abb. 100) ist beim Probelauf eines großen schnellaufenden Elektromotors durch Gleiten auf der Rollbahn entstanden.

Die bereits erwähnten Kantenbelastungen rufen nicht nur frühzeitige Ermüdung der Rollbahnen hervor, sondern meistens auch ein Fressen an den Rollen und Bordflächen, verbunden mit starkem Verschleiß.

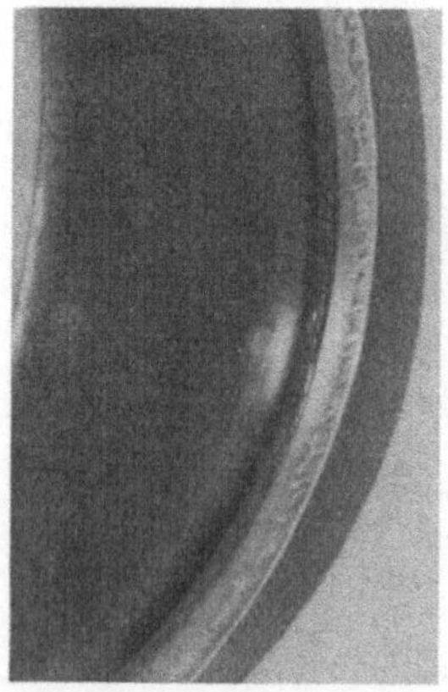

Abb. 101. Freßspuren an der Bordfläche (etwas vergrößert).

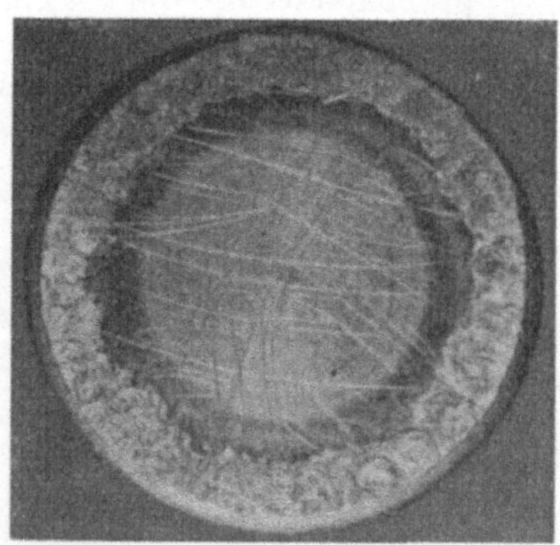

Abb. 102. Freßspuren an der Seitenfläche einer Rolle.

Die Abb. 101 und 102 zeigen diese Erscheinung an einer Bordfläche und an der Seite einer Rolle. Infolge fehlerhafter Bearbeitung, Biegung der Welle oder Verkantung wurden die Rollen geschränkt, dabei entstanden so hohe Drücke an den Gleitstellen, daß Fressen eintrat.

## 4.5 Instandsetzen der Lager.

Auch bei geringfügigen Fehlern sollte eine Wiederverwendung der Lager unterbleiben, weil mit einem schnellen Fortschreiten des Schadens zu rechnen ist. Eine Instandsetzung lohnt sich bei kleinen Lagern unter etwa 60 mm Bohrung selten, bei größeren Lagern nur, wenn die Beschädigung frühzeitig entdeckt wird, und andere Teile noch nicht in Mitleidenschaft gezogen sind. Man vergegenwärtige sich nur die dazu tatsächlich erforderlichen Arbeitsgänge. Das Lager muß auseinandergenommen werden. Dabei wird der Käfig meistens unbrauchbar. Handelt es sich um eine geringfügige Ausbröckelung einer Rollbahn, dann sind mit großer Wahrscheinlichkeit beide Rollbahnen nachzuschleifen, da die feinen überwalzten Splitter auch die andere Rollbahn beschädigt haben. Meistens wird ein Ring ersetzt werden müssen und der andere nachzuschleifen sein. Dies bedingt größere Kugeln, die vorrätig sein müssen, da einzelne Kugeln nicht hergestellt werden können. Sie dürfen aber nur geringfügig von der normalen Größe abweichen, weil sonst der Käfig nicht mehr paßt. Ein gestanzter Blechkäfig ist nur für einen bestimmten Kugel- oder Rollendurchmesser verwendbar. Ein massiver Käfig erfordert besondere Operationen und Vorrichtungen. Außerdem ist jeder Arbeitsgang einzeln für jedes Lager vorzunehmen, so daß hohe Kosten erwachsen. Es ist daher verständlich, daß sich die Instandsetzung bei großen Lagern eher lohnt als bei kleinen. Der Ersatz durch ein neues Lager ist immer vorzuziehen, wenn die Kosten für die Reparatur nur unwesentlich geringer sind als der Wert eines Lagers.

Die Instandsetzung eines Lagers sollte nur einer Wälzlagerfabrik übertragen werden. Dann ist zu erwarten, daß das Lager wieder voll verwendungsfähig wird. Es muß jedenfalls dringend davor gewarnt werden, irgendeine Nacharbeit an einem Wälzlager von dritter Seite vornehmen zu lassen, da meistens keine Gewähr für einwandfreie Ausführung gegeben ist.

Einzelne beschädigte Kugeln oder Rollen können nicht ersetzt werden, da von ein und demselben Nennmaß immer verschiedene Größen, entsprechend dem mittleren Abmaß der Sorte bestehen. Innerhalb einer Sorte ist der Durchmesserunterschied oder die Toleranz sehr gering, damit eine gleichmäßige Belastung aller Rollkörper erzielt wird. Die einzelnen Sorten weisen aber untereinander so große Differenzen auf, daß einzelne Rollkörper aus mehreren Sorten nicht ersetzt werden können. Aus diesem Grunde ist es auch nicht zulässig, die Rollkörper verschiedener Lager miteinander zu vertauschen.

Wälzlager können in kurzer Zeit ersetzt werden, wenn es sich um normale, listenmäßige Lager handelt, die in großen Mengen hergestellt und auf Vorrat gehalten werden. Weicht das Lager aber in irgendeiner Weise von den genormten Außenmaßen oder Innenmaßen oder der Maßgenauigkeit ab, dann muß mit langer Lieferzeit und erheblichen Kosten gerechnet werden, wenn die betreffende Lagergröße nicht zufällig vorrätig ist. Es ist daher dringend zu empfehlen, von anormalen Lagern Reservestücke auf Vorrat zu halten.

# 5 Prüfverfahren und Toleranzen der Wälzlager.

## Maß-, Form- und Laufgenauigkeit

### a) Allgemeines.

Die Bezugstemperatur beträgt 20°. Werkstück, Vergleichsstück und Meßgerät müssen bei der Messung gleiche Temperatur haben. Meßgeräte und Lager sollten deshalb vor der Messung eine genügend lange Zeit (Stunden oder Tage, je nach ihrer Größe und dem Temperaturunterschied) im Meßraum stehen. Die schnellste Angleichung der Temperatur ist zu erzielen, wenn Werkstück und Meßgerät auf eine Metallplatte gelegt werden.

Um ein möglichst genaues Meßergebnis zu erzielen, sollten Meßgeräte, Vergleichsstücke und zu messende Teile vor der Handwärme geschützt werden.

Die Maßgenauigkeit von Bohrung und Mantel kann mit den üblichen festen Lehren (Lehrdornen, Flachlehrdornen, Kugelendmaßen, Rachenlehren) geprüft werden. Für genaue Messungen und besonders in Zweifelsfällen sind dagegen die im Folgenden beschriebenen Prüfverfahren anzuwenden, weil sich die verhältnismäßig dünnen Rollbahnringe leicht verformen.

Vor der Messung muß das Fett entfernt werden. Weil sich bei vollkommen trockenen Lagern leicht Rost bildet, sollte für das Auswaschen kein reines Benzin benutzt werden, sondern z. B. Waschbenzin mit etwas Öl oder säurefreies Petroleum. Nach dem Messen sind die Lager sofort wieder einzuölen oder einzufetten.

Radialschlag und Axialschlag der einzelnen Rollbahnringe können bei gewissen Lagern, z. B. Rillenlagern, nicht unmittelbar gemessen werden. Bei der Messung des Radialschlages ist die dadurch bedingte Meßungenauigkeit gering. Bei der Messung des Axialschlages ergibt sich jedoch eine verhältnismäßig große Meßungenauigkeit. Bei der Bewertung der Meßergebnisse ist deshalb die Meßungenauigkeit der mittelbaren Messung zu beachten. Der Fehler des Dornes ist in Rechnung zu setzen.

### b) Prüfverfahren für die Maß- und Formgenauigkeit.

| Fläche | Begriff | Bild | Meßgeräte und -einrichtungen | Meßanleitung |
|---|---|---|---|---|
| Bohrung<br><br>1. | **Durchmesser (d):** arithmetischer Mittelwert aller Messungen.<br><br>**Kegeligkeit:** Unterschied zwischen den Mittelwerten der gemessenen Durchmesser in jeder Meßebene.<br><br>**Unrundheit:** Unterschied zwischen dem größten und kleinsten gemessenen Durchmesser. | Beispiel für $d = 40$ mm<br>zulässige Abmaße 0 und $-0,012$<br>zulässiger größter Durchmesser: 40,003<br>zulässiger kleinster Durchmesser: 39,985 | Meßgerät für Zweipunktmessung<br><br>Skalenwert $S = 1\,\mu$ | Nullpunkteinstellung des Fühlhebels nach Endmaßen (Genauigkeitsgrad I nach DIN 861).<br><br>In 2 verschiedenen Querschnitten der Bohrung (Meßebenen $a$ und $b$) je 4 am Umfang gleichmäßig verteilte Messungen ausführen. Die Meßebenen $a$ und $b$ dürfen nicht unmittelbar an der Kante der Rundung liegen.<br><br>Aus den 8 Messungen sind zu ermitteln:<br>a) Durchmesser der Bohrung,<br>b) Kegeligkeit der Bohrung,<br>c) der größte und kleinste gemessene Durchmesser. |

| Maß in mm an der Meßstelle | | | | |
|---|---|---|---|---|
| $a_1$ | 40,005 | $b_1$ | 40,002 |
| $a_2$ | 40,004 | $b_2$ | 40,000 |
| $a_3$ | 40,004 | $b_3$ | 40,000 |
| $a_4$ | 40,003 | $b_4$ | 39,998 |
| Mittelwert jeder Meßebene | $a$ | 40,004 | $b$ | 40,000 |
| Durchmesser $d$ (Mittel) . | 40,002 (unzulässig) | | | |
| Kegeligkeit . . . . . . | 4 $\mu$ (zulässig) | | | |
| Kleinster gemessener Durchmesser . . . . . | 39,998 (zulässig) | | | |
| Größter gemessener Durchmesser . . . . . | 40,005 (unzulässig) | | | |

| | | | | | |
|---|---|---|---|---|---|
| **2.** | Mantel | Durchmesser ($D$): arithmetischer Mittelwert aller Messungen.<br><br>Kegeligkeit: Unterschied zwischen den Mittelwerten der gemessenen Durchmesser in jeder Meßebene.<br><br>Unrundheit: Unterschied zwischen dem größten und kleinsten gemessenen Durchmesser. | Meßebene<br>$a$ — $b$<br><br>Beispiel für $D = 90$ mm<br>zulässige Abmaße 0 und — 0,015<br>zulässiger größter Durchmesser: 90,006<br>zulässiger kleinster Durchmesser: 89,979 | Ebene Unterlage u. Fühlhebelmeßgerät mit gut gerundeter Meßspitze<br><br>Skalenwert<br>$S = 1\,\mu$ | Nullpunkteinstellung des Fühlhebels nach Endmaßen (Genauigkeitsgrad I nach DIN 861).<br><br>In 2 verschiedenen Querschnitten des Mantels (Meßebenen $a$ und $b$) je 4 am Umfang gleichmäßig verteilte Messungen ausführen. Die Meßebenen $a$ und $b$ dürfen nicht unmittelbar an der Kante der Rundung liegen.<br><br>Bei jeder Messung das Wälzlager unter dem Meßstift langsam durchrollen und höchsten Zeigerausschlag (Umkehrpunkt) feststellen.<br><br>Aus den 8 Messungen sind zu ermitteln:<br>a) Durchmesser des Mantels,<br>b) Kegeligkeit des Mantels,<br>c) der größte und kleinste gemessene Durchmesser. |
| **3.** | Seiten | Breite ($b$): Abstand der Seitenflächen an irgendeiner Stelle des Innenringes oder des Außenringes.<br>Bei allen Kegellagern und bei Schräglagern nach DIN 628 Blatt 2 gilt die Breitentoleranz nur für den Innenring. |  | Schraublehre<br>Skalenwert<br>$S = 10\,\mu$ | Die Breite ist an mehreren Stellen des Umfanges zu prüfen. |
| **4.** | Rundung | Kantenabstand ($r$): Das Profil der Rundung ist kein Viertelkreis. Der Kantenabstand wird daher festgelegt als der Abstand der Rundungskanten von der Seite, der Bohrung oder dem Mantel. | Kante · Lineal · Schieber · Feststellung · $a$ | Hakenlehre | Einstellung von $a$ für Größtmaß oder Kleinstmaß. Lineal an die Bezugsfläche legen. Durch Augenschein Lage der Kante prüfen. — Das Messen des Kantenabstandes ist schwierig, deshalb ist die Meßgenauigkeit gering. Örtliche Fehler dürfen nicht berücksichtigt werden. |

Die im Feld 2 enthaltene Tabelle:

| Maß in mm an der Meßstelle | | | | |
|---|---|---|---|---|
| $a_1$ | 89,978 | $b_1$ | 89,979 | |
| $a_2$ | 89,979 | $b_2$ | 89,986 | |
| $a_3$ | 89,980 | $b_3$ | 89,986 | |
| $a_4$ | 89,983 | $b_4$ | 89,993 | |
| Mittelwert jeder Meßebene | $a$ | 89,980 | $b$ | 89,986 |
| Durchmesser $D$ (Mittel) | 89,983 (unzulässig) | | | |
| Kegeligkeit | 6 $\mu$ (zulässig) | | | |
| Kleinster gemessener Durchmesser | 89,978 (unzulässig) | | | |
| Größter gemessener Durchmesser | 89,993 (zulässig) | | | |

## c) Prüfverfahren für die Laufgenauigkeit.

| | Art des Fehlers | Begriff | Bild | Meßgeräte und -einrichtungen | Meßanleitung |
|---|---|---|---|---|---|
| 1. | Breitenschwankung $(Up)$ | Unterschied zwischen der größten und kleinsten Breite des Innen- oder Außenringes. (Unparallelität.) |  | Fühlhebelmeßgerät<br><br>Skalenwert $S = 1\,\mu$ | Bei der Prüfung der Planparallelität den Innenring oder Außenring auf seiner Dreipunktauflage drehen und dabei an das Führungsstück a drücken<br><br>Die Grenzausschläge des Meßzeigers bei mindestens einer Umdrehung ergeben die Breitenschwankung. |
| 2. | Seitenschlag des Innenringes $(Si)$<br><br>Anmerkung: Für den Seitenschlag des Außenringes sind vorläufig kein Meßverfahren und keine Toleranzen festgelegt. | Seitenschlag ist die Abweichung einer Seitenfläche von der rechtwinkligen Lage zur Bohrung, gemessen als Gesamtausschlag eines in einem bestimmten Abstand von der Bohrung auf die Seitenfläche gesetzten Meßstiftes bei einer Umdrehung $(Si_1)$. — Der Fehler der anderen Seite $(Si_2)$ ist aus der Formel $Si_2 = Upi - Si_1$ zu berechnen. — Hierin ist $Upi$ die Breitenschwankung. |  | Fühlhebelmeßgerät<br><br>Skalenwert $S = 1\,\mu$<br><br>Waagerechter Spitzenbock mit Dorn<br><br>Kegeligkeit des Dornes: 0,02 bis 0,04 mm auf 200 mm Länge<br><br>Rundlauffehler des Dornes: höchstens $2\,\mu$ | Um die Meßungenauigkeit zu verringern, ist spielfreie und möglichst reibungsfreie Lagerung des Winkelhebels erforderlich.<br><br>Verkanten des Innenringes auf dem Dorn vermeiden. Deshalb Innenring so aufsetzen, daß bei etwa vorhandener Kegeligkeit der Bohrung die weite Seite nach dem dickeren Ende des Dornes gerichtet ist.<br><br>Zu messen ist auf der nicht gestempelten Seite des Innenringes.<br><br>Festzustellen ist der größte Ausschlag des Fühlhebels bei mindestens einer Umdrehung. |

**3.**

**Radialschlag der Rollbahn des Innenringes (Ri)**

Der Radialschlag der Rollbahn des Innenringes ist gleich der Schwankung der Ringdicke in der Mitte der Rollbahn, wenn der Ring allein geprüft wird. Die Schwankung kann hervorgerufen werden durch unsymmetrische oder nicht rechtwinklige Lage der Rollbahn zur Bohrung. Bei der Prüfung eines zusammengesetzten Lagers kommt der Größenunterschied der Rollkörper und der Rundlauffehler des Dornes hinzu. Beim eingebauten Lager wird der Radialschlag außerdem beeinflußt von dem Seitenschlag und dem Axialschlag des Innenringes. Der Radialschlag ist ferner abhängig von der Belastung. Da die Meßkraft meistens gering ist gegenüber der Betriebsbelastung, werden bei der Prüfung des einzelnen Lagers höhere Werte festgestellt, als sie im Betrieb zu erwarten sind.

| Bohrung in mm | | $G$ | $h$ |
| --- | --- | --- | --- |
| über | bis | kg | mm |
| — | 30 | 4 | 200 |
| 30 | 50 | 8 | 200 |
| 50 | 80 | 12 | 250 |
| 80 | — | 15 | 300 |

*Bohrung: H6 — Welle h5 — G — h*

Fühlhebelmeßgerät Skalenwert $S = 1\,\mu$

Bei Rillenlagern, zweireihigen Schräglagern, Pendellagern, Zylinderlagern und Tonnenlagern: Waagerechter Spitzenbock mit Dorn; Kegeligkeit des Dornes: 0,02 bis 0,04 mm auf 200 mm Länge; Rundlauffehler des Dornes: höchstens $2\,\mu$.

Bei Pendel- und Tonnenlagern muß der Außenring durch Lineale in der Mittellage gehalten werden. Bei Kegellagern und einreihigen Schräglagern: Gehäuse mit senkrechtem Dorn und Belastung $G$.

Kegeligkeit u. Rundlauffehler des Dornes wie oben.

Verkanten des Innenringes auf dem Dorn vermeiden. Deshalb Innenring so aufsetzen, daß bei etwa vorhandener Kegeligkeit der Bohrung die weite Seite nach dem dickeren Ende des Dornes gerichtet ist. Der Radialschlag des Innenringes wird gemessen, indem man den Dorn mit dem Innenring langsam und möglichst gleichmäßig dreht; der Außenring muß festgehalten werden. Der Meßstift muß in der Mitte des Außenringes angesetzt werden.

Bei der Messung von Kegellagern ruht der Meßstift auf dem Dorn.

Bei Zylinderlagern mit Außenbord kann der Innenring auch allein, wie unten unter c 4 angegeben. gemessen werden. Festzustellen ist der größte Ausschlag des Fühlhebels bei mindestens einer Umdrehung.

---

**4.**

**Radialschlag der Rollbahn des Außenringes (Ra)**

Der Radialschlag der Rollbahn des Außenringes ist gleich d. Schwankung d. Ringdicke in der Mitte d. Rollbahn, wenn der Ring allein geprüft wird. Die Schwankung kann hervorgerufen werden durch unsymmetrische oder nicht winkelrechte Lage der Rollbahn zum Mantel. Bei der Prüfung eines zusammengesetzten Lagers kommt der Größenunterschied der Rollkörper hinzu. — Beim eingebauten Lager wird der Radialschlag außerdem beeinflußt von dem Seitenschlag und dem Axialschlag des Außenringes. Der Radialschlag ist ferner abhängig von der Belastung, — Da die Meßkraft meistens gering ist gegenüber der Betriebsbelastung, werden bei der Prüfung des einzelnen Lagers höhere Werte festgestellt, als sie im Betrieb zu erwarten sind.

Fühlhebelmeßgerät Skalenwert $S = 1\,\mu$

Bei Rillenlagern, Pendellagern, Zylinderlagern u. Tonnenlagern: Waagerechter Spitzenbock mit Dorn; Kegeligkeit des Dornes: 0,02 bis 0,04 mm auf 200 mm Länge; Rundlauffehler des Dornes: höchstens $2\,\mu$.

Bei Pendellagern und Tonnenlagern muß der Außenring durch Lineale in der Mittellage gehalten werden.

Bei losen Außenringen: Meßplatte mit Anschlägen.

Der Radialschlag des Außenringes wird gemessen, indem man den Außenring langsam und möglichst gleichmäßig dreht; Dorn und Innenring müssen festgehalten werden. Der Meßstift muß in der Mitte des Außenringes angesetzt werden.

Bei Kegellagern kann die Schwankung der Dicke des Ringes unmittelbar gemessen werden. Der Meßstift ist dabei gegenüber einem Anschlag anzusetzen. Der Ring liegt mit seiner großen Seitenfläche auf einer ebenen Unterlage. In der gleichen Weise können alle Außenringe gemessen werden, die sich von den Rollkörpern abziehen lassen.

Festzustellen ist der größte Ausschlag des Fühlhebels bei mindestens einer Umdrehung.

| Art des Fehlers | Begriff | Bild | Meßgeräte und -einrichtungen | Meßanleitung |
|---|---|---|---|---|
| 5. Axialschlag der Rollbahn des Innenringes ($Ai$) u. Außenringes ($Aa$) | Der Axialschlag der Rollbahn eines Rollbahnringes ist die Abweichung der Rollbahn von der winkelrechten Lage zur Bohrung oder zum Mantel, wenn der Ring allein geprüft wird.<br><br>Die Messung des Aixalschlages des Außenringes wird von dem Seitenschlag des Außenringes beeinflußt.<br><br>Die mittelbare Prüfung am zusammengesetzten Lager ergibt eine verhältnismäßig große Meßungenauigkeit. | | Fühlhebelmeßgerät<br><br>Skalenwert<br>$S = 1\,\mu$<br><br>Senkrechter Spitzenbock mit Dorn; Kegeligkeit des Dornes 0,02 bis 0,04 mm auf 200 mm Länge;<br><br>Rundlauffehler des Dornes: höchstens $2\mu$<br><br>* Wird der Meßstift auf der Seitenfläche des Gewichtes bei $B$ angesetzt, so ist dafür zu sorgen, daß die Dicke des Flansches um höchstens 5 % der zulässigen Abweichung schwankt. | Verkanten des Innenringes auf dem Dorn vermeiden. Deshalb Ring so aufsetzen, daß bei etwa vorhandener Kegeligkeit die weite Seite der Bohrung nach dem dickeren Ende des Dornes gerichtet ist. Der Axialschlag des Innenringes wird gemessen, indem man den Dorn mit dem Innenring langsam und möglichst gleichmäßig dreht, Außenring und Gewicht müssen stillstehen.<br><br>Der Axialschlag des Außenringes wird gemessen, indem man den Außenring langsam und möglichst gleichmäßig dreht, Innenring und Dorn müssen stillstehen.<br><br>Der Meßstift muß bei der Prüfung des Innen- und Außenringes in der Mitte der nicht gestempelten Seitenfläche des Außenringes bei $A$ angesetzt werden*.<br><br>Festzustellen ist der größte Ausschlag des Fühlhebels bei mindestens einer Umdrehung. |
| 6. Axialschlag der Rollbahn von Scheiben ($As$) | Der Axialschlag der Rollbahn einer Scheibe ist die Schwankung der Dicke in der Mitte der Rollbahn der einzelnen Scheiben. | | Fühlhebelmeßgerät<br><br>Skalenwert<br>$S = 1\,\mu$<br><br>Meßplatte mit Anschlagwinkel oder Nocken und Dreipunktauflage. | Die Scheibe wird langsam unter dem Meßstift gedreht.<br><br>Festzustellen ist der größte Ausschlag des Fühlhebels, bei mindestens einer Umdrehung. |

Belastungsring

| Durchmesser | | | Gewicht |
|---|---|---|---|
| $D_l$ mm | $D_g$ mm | $B_g$ mm | kg $\approx$ |
| bis 30 | 85 | 15 | 0,60 |
| über 30 bis 50 | 90 | 20 | 0,75 |
| über 50 bis 80 | 120 | 25 | 1,50 |
| über 80 bis 120 | 170 | 30 | 3,50 |
| über 120 bis 150 | 220 | 35 | 6,00 |
| über 150 bis 180 | 280 | 40 | 13,00 |

Die Bohrung $D$ der Sitzfläche soll nach ISA-Toleranzfeld H 6 bearbeitet werden.

## d) Toleranzen in allgemeinen Fällen.

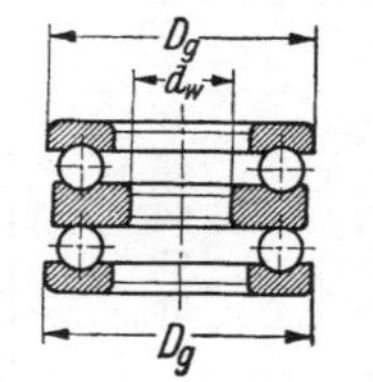

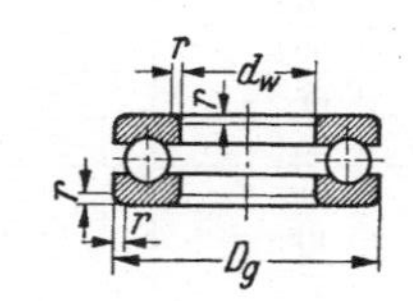

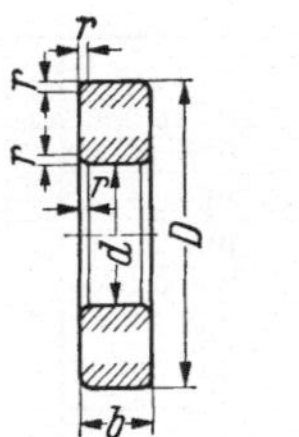

### Maßgenauigkeit der Ring- und Scheibenlager.

| Nennmaß in mm | Abmaße in $\mu$ | | | | | | | |
|---|---|---|---|---|---|---|---|---|
| | $d$ und $d_w$ ¹) | | $D$ ²) ³) | | $D_g$ | | $b$ ⁴) | |
| bis 18 | 0 | — 10 | 0 | — 8 | 0 | — 10 | 0 | — 100 |
| über 18 bis 30 | 0 | — 10 | 0 | — 9 | 0 | — 10 | 0 | — 100 |
| über 30 bis 50 | 0 | — 12 | 0 | — 11 | 0 | — 12 | 0 | — 120 |
| über 50 bis 80 | 0 | — 15 | 0 | — 13 | 0 | — 15 | 0 | — 150 |
| über 80 bis 120 | 0 | — 20 | 0 | — 15 | 0 | — 20 | 0 | — 200 |
| über 120 bis 150 | 0 | — 25 | 0 | — 18 | 0 | — 25 | 0 | — 250 |
| über 150 bis 180 | 0 | — 25 | 0 | — 25 | 0 | — 25 | 0 | — 250 |
| über 180 bis 250 | 0 | — 30 | 0 | — 30 | 0 | — 30 | 0 | — 300 |
| über 250 bis 315 | 0 | — 35 | 0 | — 35 | 0 | — 35 | 0 | — 350 |
| über 315 bis 400 | 0 | — 40 | 0 | — 40 | 0 | — 40 | 0 | — 400 |
| über 400 bis 500 | 0 | — 45 | 0 | — 45 | 0 | — 45 | 0 | — 450 |
| über 500 bis 630 | 0 | — 50 | 0 | — 50 | 0 | — 60 | 0 | — 500 |
| über 630 bis 800 | 0 | — 75 | 0 | — 75 | 0 | — 75 | 0 | — 750 |
| über 800 bis 1000 | 0 | —100 | 0 | —100 | 0 | —100 | 0 | —1000 |
| über 1000 bis 1250 | 0 | —125 | 0 | —125 | — | — | 0 | —1250 |
| über 1250 bis 1600 | — | — | 0 | —160 | — | — | — | — |
| 1 | 2 | | 3 | | 4 | | 5 | |

| Kantenabstand $r$ in mm ⁵) | | |
|---|---|---|
| Nennmaß | Kleinstmaß | Größtmaß |
| 0,2 | 0,1 | 0,4 |
| 0,3 | 0,1 | 0,5 |
| 0,5 | 0,3 | 0,8 |
| 0,8 | 0,5 | 1,2 |
| 1 | 0,7 | 1,5 |
| 1,2 | 0,9 | 1,7 |
| 1,5 | 1,1 | 2,1 |
| 2 | 1,5 | 2,7 |
| 2,5 | 1,9 | 3,3 |
| 3 | 2,3 | 4 |
| 3,5 | 2,7 | 4,5 |
| 4 | 3,1 | 5,2 |
| 5 | 3,9 | 6,5 |
| 6 | 4,7 | 7,5 |
| 8 | 6,3 | 10 |
| 10 | 8 | 12,5 |
| 12 | 9,5 | 15 |
| 15 | 11,8 | 19 |
| 18 | 14,2 | 23 |

¹) Das Kurzzeichen für das Toleranzfeld ist KB.  ²) Das Kurzzeichen für das Toleranzfeld ist hB.  ³) Bei Ring-Schulterlagern gelten die Werte nach DIN 615.

⁴) Die Werte sind der Bohrung zugeordnet. Für die Breite der Innenringe aller Ring-Kegellager und der Ring-Schräglager Reihe 173 gelten die doppelten Werte. Für die Breite der Außenringe dieser Lager sind keine Abmaße festgelegt.

⁵) Rundungen und Schulterhöhen siehe DIN 5418.

Die Toleranz für den Kegel 1:12 bei Lagern mit kegeliger Bohrung ist noch nicht festgelegt.

## Formgenauigkeit der Ringlager[6])

| Nennmaß in mm | der Bohrung $d$ alle Maßgruppen | | des Mantels $D$ Maßgruppe — 9 | | 0 | | 1 | | 2 | | 3 | | 4 | |
|---|---|---|---|---|---|---|---|---|---|---|---|---|---|---|
| bis 18 | $d+3$ | $d-13$ | $D+2$ | $D-10$ | $D+2$ | $D-10$ | $D+1$ | $D-9$ | $D+1$ | $D-9$ | $D+1$ | $D-9$ | — | — |
| über 18 bis 30 | $d+3$ | $d-13$ | $D+2$ | $D-11$ | $D+2$ | $D-11$ | $D+2$ | $D-11$ | $D+2$ | $D-11$ | $D+2$ | $D-11$ | — | — |
| über 30 bis 50 | $d+3$ | $d-15$ | $D+4$ | $D-15$ | $D+3$ | $D-14$ | $D+3$ | $D-14$ | $D+3$ | $D-14$ | $D+3$ | $D-14$ | $D+2$ | $D-13$ |
| über 50 bis 80 | $d+4$ | $d-19$ | — | — | $D+5$ | $D-18$ | $D+4$ | $D-17$ | $D+4$ | $D-17$ | $D+4$ | $D-17$ | $D+3$ | $D-16$ |
| über 80 bis 120 | $d+5$ | $d-25$ | — | — | $D+7$ | $D-22$ | $D+6$ | $D-21$ | $D+6$ | $D-21$ | $D+5$ | $D-20$ | $D+4$ | $D-19$ |
| über 120 bis 150 | $d+6$ | $d-31$ | — | — | — | — | $D+7$ | $D-25$ | $D+7$ | $D-25$ | $D+6$ | $D-24$ | $D+5$ | $D-23$ |
| über 150 bis 180 | $d+6$ | $d-31$ | — | — | — | — | — | — | $D+8$ | $D-33$ | $D+6$ | $D-31$ | $D+5$ | $D-30$ |
| über 180 bis 250 | $d+8$ | $d-38$ | — | — | — | — | — | — | $D+9$ | $D-39$ | $D+7$ | $D-37$ | $D+6$ | $D-36$ |
| über 250 bis 315 | $d+9$ | $d-44$ | — | — | — | — | — | — | $D+10$ | $D-45$ | $D+8$ | $D-43$ | $D+7$ | $D-42$ |
| über 315 bis 400 | $d+10$ | $d-50$ | — | — | — | — | — | — | — | — | $D+9$ | $D-49$ | $D+8$ | $D-48$ |
| über 400 bis 500 | $d+12$ | $d-57$ | — | — | — | — | — | — | — | — | $D+11$ | $D-56$ | $D+9$ | $D-54$ |
| über 500 bis 630 | — | — | — | — | — | — | — | — | — | — | $D+12$ | $D-62$ | $D+10$ | $D-60$ |
| 6 | 7 | | 8 | | 9 | | 10 | | 11 | | 12 | | 13 | |

[6]) Zulässige Kegeligkeit: 50% der Toleranz von Spalte 2 bzw. 3.

## Laufgenauigkeit der Ring- und Scheibenlager

| Nennmaß für $d$, $D$ und $d_w$ in mm | zulässige Abweichung in $\mu$ Innenring Breitenschwankung $Up$ höchstens | Seitenschlag $Si$ höchstens | Radialschlag $Ri$ zyl. Bohrung höchstens | kegl. Bohrung höchstens | Axialschlag $Ai$ höchstens | Außenring Radialschlag $Ra$ höchstens | Axialschlag $Aa$ höchstens | Scheiben Axialschlag $As$ höchstens |
|---|---|---|---|---|---|---|---|---|
| bis 18 | 20 | 20 | 15 | 22 | 40 | 15 | 40 | 15 |
| über 18 bis 30 | 20 | 20 | 15 | 22 | 40 | 15 | 40 | 15 |
| über 30 bis 50 | 20 | 20 | 15 | 22 | 40 | 20 | 40 | 15 |
| über 50 bis 80 | 25 | 25 | 20 | 30 | 50 | 25 | 40 | 18 |
| über 80 bis 120 | 25 | 25 | 25 | 38 | 50 | 35 | 45 | 21 |
| über 120 bis 150 | 30 | 30 | 30 | 45 | 60 | 40 | 50 | 24 |
| über 150 bis 180 | 30 | 30 | 30 | 45 | 60 | 45 | 60 | 24 |
| über 180 bis 250 | 30 | 30 | 40 | 60 | 60 | 50 | 70 | 30 |
| über 250 bis 315 | 35 | 35 | 50 | 75 | 70 | 60 | 80 | 40 |
| über 315 bis 400 | 40 | 40 | 60 | 90 | 80 | 70 | 90 | — |
| über 400 bis 500 | — | — | 65 | 100 | — | 80 | 100 | — |
| über 500 bis 630 | — | — | 70 | 110 | — | 100 | 120 | — |
| 14 | 15 | 16 | 17 | 18 | 19 | 20 | 21 | 22 |

Die Spalten 15, 16, 17, 18 und 19 sind der Bohrung $d$, die Spalten 20 und 21 dem Manteldurchmesser $D$ und die Spalte 22 der Bohrung $d_w$ zugeordnet. Bohrung, Mantel und Seiten der Wälzlager sind geschliffen, Rundungen gedreht.

## e) Toleranzen in Sonderfällen.

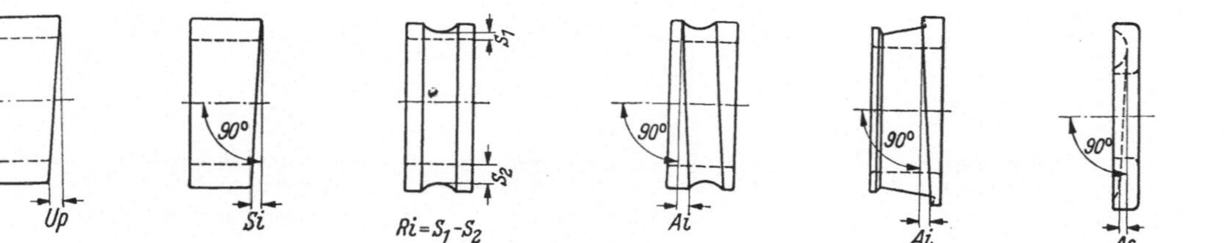


### Maß-, Form- und Laufgenauigkeit der Ring- und Scheibenlager.

| Nennmaß für $d$, $D$ und $d_w$ in mm | Abmaße[1] für | | zulässige Abweichung in $\mu$ | | | | | | | | | | | Scheibe |
| --- | --- | --- | --- | --- | --- | --- | --- | --- | --- | --- | --- | --- | --- | --- |
| | | | Innenring | | | | | | | | Außenring | | | |
| | $d$ | $D$[2] | Breiten-schwankung[3] $Up$ höchstens | | Seiten-Schlag $Si$ höchstens | | Radial-schlag $Ri$ höchstens | | Axial-schlag $Ai$ höchstens | | Radial-schlag $Ra$ höchstens | | Axial-schlag $Aa$ höchstens | | Axial-schlag $As$ höchstens |
| bis 18 | 0 | —10 | 0 | — 8 | 10 | 7 | 10 | 7 | 10 | 5 | 20 | 13 | 7 | 5 | 20 | 13 | 5 |
| über 18 bis 30 | 0 | —10 | 0 | — 9 | 10 | 7 | 10 | 7 | 10 | 5 | 20 | 13 | 7 | 5 | 20 | 13 | 5 |
| über 30 bis 50 | 0 | —12 | 0 | —11 | 10 | 7 | 10 | 7 | 10 | 5 | 20 | 13· | 10 | 7 | 20 | 13 | 6 |
| über 50 bis 80 | 0 | —15 | 0 | —13 | 12 | 8 | 12 | 8 | 12 | 6 | 25 | 18 | 12 | 8 | 20 | 13 | 7 |
| über 80 bis 120 | 0 | —20 | 0 | —15 | 12 | 8 | 12 | 8 | 14 | 7 | 25 | 18 | 17 | 12 | 22 | 15 | 8 |
| über 120 bis 150 | 0 | —25 | 0 | —18 | 15 | 10 | 15 | 10 | 16 | 8 | 30 | 20 | 20 | 13 | 25 | 18 | 10 |
| über 150 bis 180 | 0 | —25 | 0 | —25 | 15 | 10 | 15 | 10 | 16 | 8 | 30 | 20 | 22 | 15 | 30 | 20 | 10 |
| über 180 bis 250 | 0 | —30 | 0 | —30 | 15 | 10 | 15 | 10 | 20 | 10 | 30 | 20 | 25 | 17 | 35 | 23 | 15 |
| über 250 bis 315 | 0 | —35 | 0 | —35 | 17 | 12 | 17 | 12 | 24 | 12 | 35 | 23 | 30 | 20 | 40 | 27 | — |
| über 315 bis 400 | 0 | —40 | 0 | —40 | 20 | 13 | 20 | 13 | 30 | 15 | 40 | 27 | 35 | 23 | 45 | 30 | — |
| über 400 bis 500 | 0 | —45 | 0 | —45 | — | — | — | — | — | — | — | — | 40 | 27 | 50 | 33 | — |
| über 500 bis 630 | 0 | —50 | 0 | —50 | — | — | — | — | — | — | — | — | 50 | 33 | 60 | 40 | — |
| 1 | 2 | | 3 | | 4 | 5 | 6 | 7 | 8 | 9 | 10 | 11 | 12 | 13 | 14 | 15 | 16 |
| Kurzzeichen | C 10 | | C 10 | | C 01 | C 02 | C 01 | C 02 | C 01 | C 02 | C 01 | C 02 | C 03 | C 04 | C 03 | C 04 | C 01  C 03 |

[1]) Einschließlich Unrundheit; zulässige Kegeligkeit: 50% Toleranz von Spalte 2 bzw. 3.
[2]) Bei Ring-Schulterlagern gelten die Werte nach DIN 615.
[3]) Gilt auch für die Außenringe von Ring-Rillenlagern und Ring-Zylinderlagern.

## Bedeutung der Kurzzeichen.

C 10: Maßgenauigkeit . . . . . . . . . . . . . . . . . . . . . . . . . . . . . . . . . . nach Spalten 2, 3
C 01: Laufgenauigkeit bei sich drehendem Innenring (bzw. Wellenscheibe) . . . . . . . . . . . . . . nach Spalten 4, 6, 8, 10, (16)
C 02: Laufgenauigkeit bei sich drehendem Innenring . . . . . . . . . . . . . . . . . . . nach Spalten 5, 7, 9, 11
C 03: Laufgenauigkeit bei sich drehendem Außenring (bzw. Gehäusescheibe) . . . . . . . . . . . . . nach Spalten 12, 14, (16)
C 04: Laufgenauigkeit bei sich drehendem Außenring . . . . . . . . . . . . . . . . . . . nach Spalten 13, 15
C 05: Laufgenauigkeit C 01 und C 03 . . . . . . . . . . . . . . . . . . . . . . nach Spalten 4, 6, 8, 10, 12, 14, (16)
C 06: Laufgenauigkeit C 02 und C 03 . . . . . . . . . . . . . . . . . . . . . . nach Spalten 5, 7, 9, 11, 12, 14. (16)
C 07: Laufgenauigkeit C 01 und C 04 . . . . . . . . . . . . . . . . . . . . . . nach Spalten 4, 6, 8, 10, 13, 15, (16)
C 08: Laufgenauigkeit C 02 und C 04 . . . . . . . . . . . . . . . . . . . . . . nach Spalten 5, 7, 9, 11, 13, 15

Das Kurzzeichen für Maß-, Form- und Laufgenauigkeit ist auf einer Seite des Rollbahnkörpers angebracht.

Ein Ringlager mit zulässigen Abweichungen für die Maßgenauigkeit nach Spalten 2 und 3,   Kurzzeichen C 10
und Laufgenauigkeit nach Spalten 4, 6, 8 und 10 . . . . . . . . . . . . . . . . Kurzzeichen C 01
wird bezeichnet mit dem . . . . . . . . . . . . . . . . . . . . . . Verbundkurzzeichen C 11

Zu bevorzugen sind:

    C 15 . . . . . . . . . . . . . . . . . für Ring-Pendellager und Ring-Rillenlager
    C 01 oder C 02 . . . . . . . . . . . für Ring-Tonnenlager
    C 02 oder C 15 . . . . . . . . . . . für Ring-Zylinderlager
    C 02, C 05 oder C 08 . . . . . . . . . . für Ring-Kegellager

Der Abdruck erfolgt mit Genehmigung des Deutschen Normenausschusses.   Maßgebend ist die jeweils neueste Ausgabe des Normblattes im Normformat A 4, das aus der Beuth-Vertrieb G. m. b. H., Berlin W 15, erhältlich ist.

57 275 4022 6,3 (WB 29 721/137/50)

*(Fortsetzung 4. Umschlagseite)*